Python

编程入门与项目应用

主　编　任晓霞　向　静　杨守良

副主编　汪　涛　牛连丁　王玉鹏

　　　　周登梅　梁康有　王　勇

中国原子能出版社

图书在版编目（CIP）数据

Python 编程入门与项目应用 / 任晓霞，向静，杨守
良主编 . --北京：中国原子能出版社，2022.3
ISBN 978-7-5221-1913-7

Ⅰ．①P⋯ Ⅱ．①任⋯ ②向⋯ ③杨⋯ Ⅲ．①软件工
具一程序设计一教材 Ⅳ．①TP311.561

中国版本图书馆 CIP 数据核字（2022）第 037062 号

内 容 简 介

本书是一本关于 Python 的编程入门书。全书共分为五大部分：学习准备、基础知识、高级知识、编程进阶和应用开发。全书在系统阐述与计算机原理相关的一些知识和 Python 的开发环境的基础上，重点讲解 Python 语法相关知识，包括变量、数据类型、逻辑语句、函数、算法等；解析 Python 实用高级用法，如面向对象、继承与多态、容器化、上下文管理等。同时，本书还结合实例分析了利用 Python 如何实现并发编程、数据库编程、网络编程、GUI 编程，以及 Python 在 Web 后端开发、爬虫开发、大数据开发与人工智能开发中的应用。

本书结构完整，内容丰富，语言通俗易懂，实例详尽，初学者可以零基础入门，程序开发人员可以学习提高，提升编程思维。相信本书一定能够帮助不同层次的读者掌握 Python 编程，提升编程能力。

Python 编程入门与项目应用

出版发行	中国原子能出版社（北京市海淀区阜成路 43 号 100048）
责任编辑	张 琳
责任校对	冯莲凤
印 刷	北京亚吉飞数码科技有限公司
经 销	全国新华书店
开 本	787 mm×1092 mm 1/16
印 张	25
字 数	651 千字
版 次	2022 年 3 月第 1 版 2022 年 3 月第 1 次印刷
书 号	ISBN 978-7-5221-1913-7 定 价 98.00 元

网址：http://www.aep.com.cn E-mail：atomep123@126.com
发行电话：010－68452845 版权所有 侵权必究

前　　言

　　Python 语言是一种高效的、面向对象的解释型高级编程语言，它的应用十分广泛，可应用于 Web 开发、网络编程、大数据开发以及人工智能等众多领域。近年来，随着大数据、人工智能成为数字科技的研究热点，Python 语言异军突起，越来越受到重视。目前，计算机行业对 Python 人才的需求也越来越多，学好 Python 不仅可以高效处理日常工作，也能跟随潮流，掌握未来核心技术。

　　本书从如何安装 Python、如何编写一个程序开始介绍，系统阐释 Python 语言中的变量、数据类型、逻辑语句、函数、算法等基础知识，然后讲解面向对象等高级特性，最后结合示例讲解并发编程、网络编程、数据库编程、爬虫等实用功能。书中讲解力求详尽，即使读者是初学者，也能按照本书的指导从编写第一个程序开始，到能独立完成应用开发，轻松掌握 Python 的编程技能。

　　本书提供了大量的示例内容，增强了学习的趣味性。本书提供的示例贴近生活，便于读者理解和掌握。例如，模拟生活中的计算器和线上购物涉及的商品排序功能，模拟学生成绩管理和商店会员管理功能，解决数学中的向量运算和斐波那契数列问题，等等。同时，示例中提供了可运行的代码和运行结果，读者可根据示例边学边练，在练习中掌握和巩固相关知识点，快速提高编程能力。

　　书中特别设有"编程宝典""拨开迷雾"和"邀你来挑战"版块。"编程宝典"版块总结编程技巧，讲解重点和难点，帮助读者梳理知识；"拨开迷雾"版块帮助读者解开困惑，规避易错点和编程陷阱；"邀你来挑战"版块提供相关练习，帮助读者复习巩固知识点，检验学习成果，熟练掌握所学内容。

　　全书内容丰富、由浅入深，可读性强、启发性强。针对重点、难点配有图文解析，便于读者更好地理解和掌握知识点。本书既适用于初级中级程序开发人员、转岗专业人员，也适用于从未接触过编程的初学者。希望本书可以助力你掌握 Python，成为互联网新时代的弄潮儿。

　　本书在编撰过程中，参考了不少学者的观点与相关资料，在此，对这些学者表示真诚的感谢！同时，欢迎读者提出宝贵意见和建议，以便不断完善本书，再次表示感谢！

作　者
2021 年 7 月

目　　录

第 1 篇　学习准备

第 2 篇　基础知识

第 3 篇　高级知识

第4篇　编程进阶

第 5 篇　应用开发

第 1 篇

学习准备

第 1 章　计算机原理

　　计算机给我们的生活和工作带来了极大的便利。现在，计算机几乎随处可见，但是对于计算机的知识你又了解多少呢？

　　计算机的构成是什么？工作原理是什么？为什么计算机可以"识别"编程语言呢？想要真正认识计算机可不是一件简单的事情，不仅要了解计算机的硬件组成，也要对它的软件系统了如指掌。接下来，就让我们一起来寻找这些问题的答案吧！

1.1　计算机构成

无论是台式计算机还是便携式计算机，其组成都大同小异。从组成结构来看，计算机由硬件系统和软件系统组成（图 1-1），二者缺一不可。

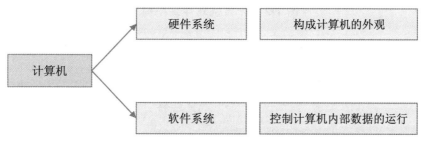

图 1-1　计算机的构成

从计算机的硬件系统和软件系统两方面分别进行研究，你就会发现，计算机本身并不复杂，真正让计算机产生"智能"效果的是两者的协同合作。

1.1.1　认识硬件系统

硬件系统"看得见，摸得着"，我们可以在计算机中直接看到这些硬件，它们构成了计算机的外观。组成计算机的零件有多种，每种零件都有自己的功能，在计算机中起着关键的作用。硬件系统可以归类为以下 5 种逻辑部件（图 1-2）。

运算器：负责数据的计算，包括算术运算和逻辑运算。

存储器：负责存储计算机需要的各类数据，比如硬盘、光盘以及 U 盘等硬件都属于存储器。

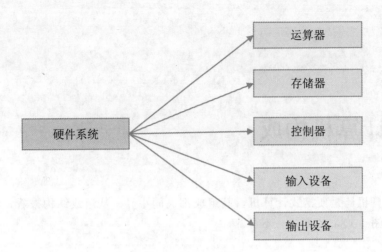

图 1-2　计算机硬件系统构成

控制器：控制着计算机各个硬件部分，相当于计算机的"大脑"，发出各类指令，比如从存储器中取出数据，一般将控制器和运算器整合在 CPU（中央处理器）之中。

输入设备：最常见的硬件设备，可以从外部获得计算机需要的信息，比如鼠标、键盘、摄像头，等等。

输出设备：必不可少的硬件设备，可以将计算机处理的信息结果显示出来，比如显示器、打印机、音箱，等等。

计算机就是由这些逻辑部件组成，它们之间相互配合并由电路连接，最终构成了我们熟悉的计算机硬件系统。

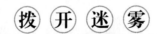
拨 开 迷 雾

逻辑部件和计算机零件的关系

在了解了计算机的硬件系统之后，你可能会产生这样的疑问：硬件系统是由 5 种逻辑部件组成，这是不是意味着计算机需要的零件只有 5 个呢？

这样想可就大错特错了，组成计算机的零件有很多个，你仔细观察身边的计算机，仅表面所见的组成计算机的零件就不只 5 个。

实际上，逻辑部件只是将这些零件进行分类，这样对计算机的硬件系统进行分析时就会一目了然，更加系统化。

1.1.2　认识软件系统

相对于硬件系统来说，软件系统"看得见，摸不着"，但它起着决定性的作用，即控制着计算机的运行，可以完成数据处理、编辑文件等操作。

对于计算机来说，软件系统是让计算机实现强大功能的重中之重。正是由于软件系统的存在，我们才可以对各种各样的数据进行处理。软件系统由系统软件和应用软件两部分组成（图 1-3）。

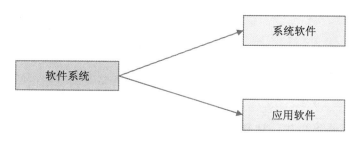

图 1-3　计算机软件系统构成

系统软件是计算机系统的集合，包括操作系统、语言处理程序、数据库系统和网络管理系统，等等。

应用软件是指计算机中的操作软件，包括管理软件、工具软件等，计算机中安装的各种软件都是应用软件，比如计算器、Excel 等软件。

 # 1.2　操作系统

计算机想要成功运行起来，除了需要配备硬件系统和应用软件，还需要操作系统的配合。

在计算机运行时，该如何调配计算机的硬件系统和应用软件相互配合呢？比如，当你想要进行文件编辑时，需要硬件（输入设备和输出设备）和应用软件（Word 或记事本等应用软件）同时运行，该工作必须有一个"领导"进行调配，那就是操作系统（图 1-4）。

操作系统可以对计算机硬件和软件资源进行管理和控制，简单来理解，操作系统就是一个计算机程序，是最基本的系统软件，所有的软件必须在操作系统的管理下运行。

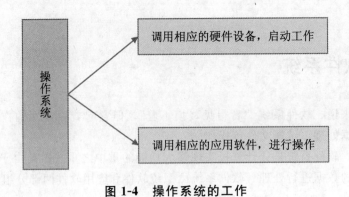

图 1-4　操作系统的工作

1.2.1　操作系统的组成

也许你对操作系统并不陌生，计算机的所有工作都离不开操作系统，比如常见的 Windows、Linux 等操作系统，那么，操作系统究竟是什么呢？它的组成又是什么呢？

实际上，操作系统是最基本的计算机程序，该程序可以对计算机的硬件和软件系统进行统一管理。有的研究者将操作系统分为四部分：驱动程序、内核、接口库和外围，如图 1-5 所示。

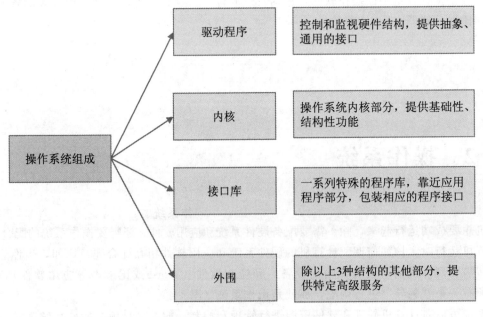

图 1-5　操作系统的组成

操作系统的四个部分相辅相成，互相协作，一起实现操作系统的功能，但不是所有的操作系统都可以分为以上四部分，有的操作系统会将某些部分结合，难以准确区分。

1. 2. 2 操作系统的功能

操作系统可以实现资源管理、程序控制和人机交互，等等，是计算机的"核心"，那么，它到底拥有哪些"能力"呢？操作系统具有五大功能（图 1-6）。

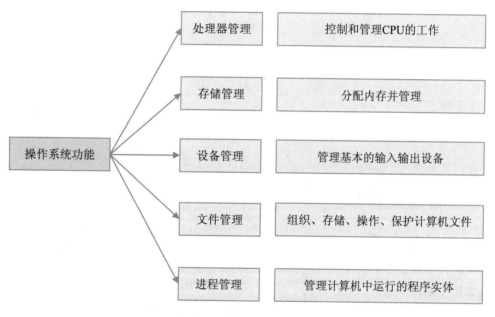

图 1-6 操作系统功能

操作系统的功能使得计算机能够发挥强大的数据处理能力，可以让各种应用软件运行起来。

操作系统的类型多样，而且各有不同的优缺点，不同的设备安装的操作系统也不尽相同。比如，手机安装的是嵌入式系统，计算机安装的则是 Windows 操作系统、UNIX 操作系统、Linux 操作系统、苹果操作系统（基于 UNIX 开发），等等。

•••• **编程宝典** ••••

下载软件小技巧

当我们想要下载某个软件时，总是离不开操作系统，因为需要下载和操作系统相对应的版本，否则该软件无法运行，这是为什么呢？

因为操作系统是最基本的软件系统，如果下载的软件和操作系统不兼容，操作系统就无法调用该软件，自然就无法运行，操作系统就像一个最基础的边框，所有的软件必须在这个边框之内才能运行，如果不在该边框之内，是无法运行的。

所以，无论你要下载什么样的软件，在下载时一定要选择和自己计算机的操作系统相对应的版本，否则可能无法运行。

1.3 编程语言

对计算机的构成和操作系统有了一定了解之后，你是不是对计算机更加好奇了，功能如此强大的计算机又是如何和编程"联系"上的，其中有着怎样的秘密呢？

这就涉及编程语言地出现了。1946 年，世界上第一台计算机问世，之后，人们热衷于利用计算机完成更多更复杂的计算和任务，为了让计算机更加快速识别和"听懂"指令，各种编程语言开始诞生。

那么，什么是编程语言呢？简单来说，编程语言是人机沟通交流的"桥梁"，一方面它可以被计算机识别、处理和执行。另一方面，程序员也可以读懂并输入该语言，通过使用该语言达到和计算机"交流"的目的，是程序设计的重要工具。

1.3.1 编程语言的发展史

编程语言经历了以下三个发展阶段。

（1）机器语言：计算机的硬件可以直接识别的语言，其结构形式由二进制数据组成，计算机可以直接执行其指令。

（2）汇编语言：面向计算机的语言，利用某些符号执行指令，代替二进制操作码，相对于机器语言在程序理解上更进一步。

（3）高级语言：高度封装、以人类日常语言为基础的编程语言，让人易于理解，基本脱离了机器的硬件系统，可以通过编译器转变成汇编语言。

从机器语言、汇编语言到高级语言，编程语言的形式发生了比较大的改变，从机器可直接识别出的机器语言到人易于理解、机器不可直接识别的高级编程语言，其中包含着很多程序员的努力，每种语言都有自己的特点（图 1-7）。

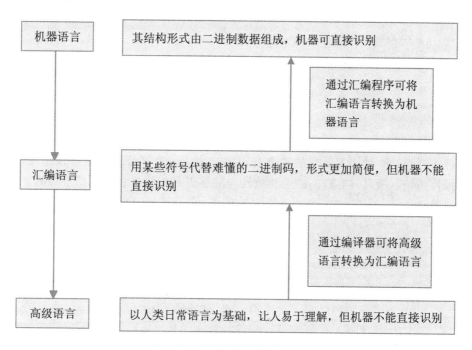

图 1-7 编程语言的发展历史

1.3.2 各类编程语言的特点

基于编程语言不同的形式，它们拥有各自的优缺点。

机器语言和汇编语言属于低级语言，两者有共同的优点，即可以通过某些指令访问计算机的各类硬件设备，但它们的缺点也显而易见，那就是只能针对某些计算机进行编程，设计出来的程序不能在不同平台间进行移植（图 1-8）。

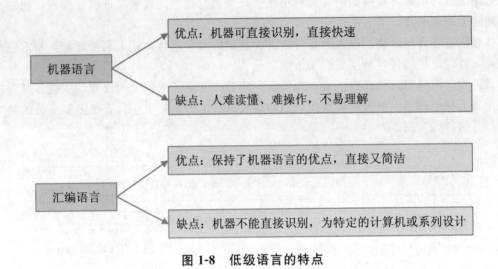

图 1-8 低级语言的特点

高级语言并不特指某一种语言，它的种类有很多（图 1-9）。高级语言具有很强的"表达"能力，因为其脱离了硬件系统，所以具有较高的可移植性，能够更好地描述各种算法和过程，容易被人们所学习和掌握。

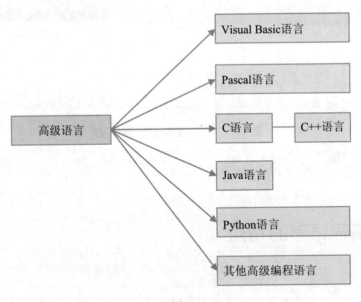

图 1-9 高级语言的种类

如今，随着科技的不断发展，很多程序员不再执着于烦琐难懂的机器语言，继而转向更加容易理解的高级语言，但并未完全舍弃汇编语言，因为汇编语言有其独特的优势，如果程序对于运行速度的要求比较高，通常会选择汇编语言和高级语言搭配使用。

编程语言的区别

编程语言经历了机器语言、汇编语言、高级语言三个发展阶段，一直到今天，高级语言的种类更加多样，而且不断推陈出新。那么，它们之间有什么区别呢？

机器语言是最早的编程语言，也可以简单来理解，这类编程语言由数字"0"和"1"组成，计算机很容易就能识别出来，但它有局限性，不能很好地描述逻辑过程。

汇编语言是在机器语言的基础上进一步升级，用符号代替某些二进制码，用比较直接的方法"命令"计算机，但是不同类型的计算机的汇编语言会有所区别，不太方便使用。

高级语言是一类编程语言的统称，如 C 语言、Python 语言，等等，可以在不同操作系统中使用，可以面向对象和过程编程，程序员也很容易掌握，因此得到广泛使用。

1.4　进制

在我们生活或工作中，往往习惯十进制的数值和算法，但对于计算机来说，进制的种类有很多，比如十进制、二进制、八进制，等等（图 1-10）。那么，计算机中的各种进制之间又有什么不同呢？进制对于计算机保存数据又起到什么作用呢？下面进行简单的介绍。

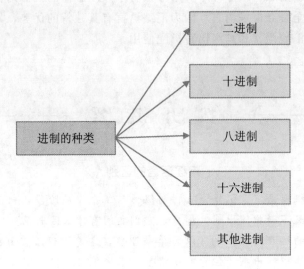

图 1-10 进制的种类

1.4.1 计算机中的二进制

计算机所采用的数制是二进制，所谓二进制数据是由 0 和 1 两个数码所组成，二进制的进位规则为逢二进一，每当低级位的数字达到 2 时就可以向高级位加 1，我们可以利用该规则对二进制数据进行计算和转换。

但计算机的二进制的作用远不止如此，在计算机中，二进制是一个非常微小的开关，会用数码 1 表示"开"，数码 0 表示"关"，计算机可以识别和处理二进制代码，这就为某些编程程序提供了条件，十分简单方便。

为什么计算机会广泛使用二进制技术呢？这是因为使用二进制有很多优点，如数字装置简单可靠，可以用来表示计算机的元件的状态等（图 1-11）。

但二进制也有其不足之处，比如当用二进制表示一个较大数值时，其位数会相应增加，而且二进制不符合我们的使用习惯。所以，在实际应用中，当我们将数值送入数字系统之前，多使用十进制，送入机器之后再转换为二进制数值，让数字系统进行运算，再将运算结果转换为十进制数值显示出来。

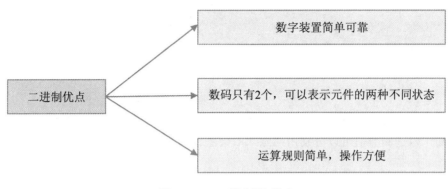

图 1-11　二进制的优点

1.4.2　进制之间的转换

在编程时，我们有时会遇到二进制、八进制和十六进制的数值，需要通过数值来判断某个元件的状态，所以，学会进制间的转换十分重要。

转换不同进制之间的数值时，十进制起着中间桥梁的作用，即可以通过二进制转换为十进制，然后再由十进制转为其他进制数值。

1. 二进制数值转换为十进制数值

二进制数值转换为十进制数值的规律比较简单，即每一位数字与 2^n 相乘再求和，次数 n 的取值规律为：从右向左，第一位上的数字的次数是 0，第二位上的数字的次数是 1，第三位上的数字的次数是 2，依次递增。如 1111 转换为十进制数值为 15，其计算方法如下。

$$1*2^0+1*2^1+1*2^2+1*2^3=15$$

按照此规律，我们可以将八进制和十六进制的数值轻松转换为十进制数值，这样就可以对不同进制的数据进行计算和操作。

2. 十进制数值转换为二进制数值

将十进制数值转换为二进制数值的规律也比较简单，可以采用"除二取余法"，即不断地将商除以 2 取余，直到商为 0 为止，再将余数逆序排列即可，如 20 转换为二进制数值为 10100，其计算方法如下。

```
20÷2=10    余    0
10÷2=5     余    0
5÷2=2      余    1
2÷2=1      余    0
1÷2=0      余    1
```

由上述计算过程，我们可以得出，十进制数值 20 转换为二进制数值为 10100，同理，十进制数值转换为八进制和十六进制数值可以分别用"除八取余法"和"除十六取余法"。

●●●● **编程宝典** ●●●●

快速转换二进制数值和十六进制数值

在实际应用中，二进制和十六进制的数值相互转换比较常见。程序员可以快速将二进制数值直接转换为十六进制数值，这里有个小技巧，那就是熟记 8、4、2、1 四个数值，这样对于任意一个 4 位的二进制数，都可以快速计算出其对应的十进制和十六进制数值。

二进制数值	十进制数值	十六进制数值
1111=8+4+2+1=15		F
1110=8+4+2+0=14		E
1101=8+4+0+1=13		D
1100=8+4+0+0=12		C
1011=8+0+2+1=11		B
1010=8+0+2+0=10		A
...		

当二进制数值转换为十六进制数值时，可以把 4 位二进制数值作为一组，分别转换为十六进制数值，比如：

```
1111 1111，1011 0100，1000 1101      二进制
  F  F，  B  4，  8  D               十六进制
```

同理，当十六进制数值转换为二进制时，可以把每一位十六进制数值分别转换为 4 位二进制数值。

1.5　原码、补码与反码

计算机的硬件系统决定了存储在计算机中的数据是二进制码，如果我们想要对数据进行一定操作，就要借助运算器。

由于某些原因计算机中并没有减法计算器，当涉及减法运算时，可以将两数相减看成是计算机中正数加上负数的加法计算，我们可以赋予二进制数据符号位，这样就可以解决数据的各类运算。

为了区分正数和负数，我们引入了原码的概念。

原码：用最高位表示符号位，该符号位代表了二进制数据的正负，"1"表示负号，"0"表示正号，其余数位为该数的二进制的绝对值，例如：

> 0111 最高位"0"表示符号位，这是一个正数，其他位为二进制的绝对值"111"
>
> 1111 最高位"1"表示符号位，这是一个负数，其他位为二进制的绝对值"111"

当我们引入原码的概念后发现，利用二进制数据的最高位的符号位可以让二进制的数字有正负的区分，从而解决数据之间相减的问题。

但是这样必须要面对一个问题：当赋予二进制数据符号位时会出现正反数相加却不能得到正确结果的情况，如 1001+0001=1010，转换为十进制数据为−1+1=−2，这明显是个错误。

虽然原码的引入为我们解决了计算机中数字相减的问题，但同时出现了新的问题，即无法得出正确答案。为了解决这个问题，反码就出现了。

反码：用正数取反表示负数，即正数的反码和它的原码相同，负数的反码是保持符号位不变，然后其他位按位取反（图 1-12）。

引入反码以后，正数加负数会得出正确的结果吗？

一般情况下，利用反码进行计算可以得出正确结果，例如：

> 3 是一个正数，它的反码和原码相同，为 0011
>
> −3 是一个负数，它的原码为 1011，按照反码的规则，可得其反码为 1100
>
> −3+3=1100+0011=1111（−0 的反码）=0

通过反码的计算，我们可以看出，正数加上负数的问题得到了解决，即使正数和负数互为相反数也可以得出正确结果。但如果你试一下两个负数相加，比如 1110（−1）+1001（−6）=0111（7）好像又出现了新的问题，即当两个负数相加时，如果采用反码相加的方式，你会发现它的符号位有时会相应改变，从 1 变为 0，而补码就能帮助解决这个问题（图 1-13）。

Python 编程入门与项目应用

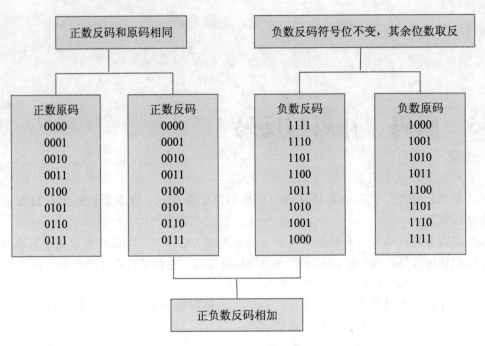

图 1-12　反码的运算

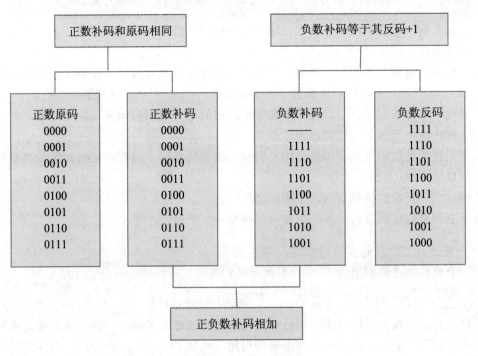

图 1-13　补码的运算

补码可以解决两个负数相加引起的符号问题，其原理为保持正数的补码和它的原码相同，负数的补码等于其反码加1，例如：

-1是一个负数，它的原码为1001，按照反码的规则，可得其反码为1110，反码加1可以得到其补码，为1111

-2是一个负数，它的原码为1010，按照反码规则，可得其反码为1101，反码加1可以得到其补码，为1110

-1+（-2）=1111+1110=1101（-3的补码）

原码、补码和反码其实是为了解决计算机中的数据相加减而存在的，它们之间相互配合，各有优势。

邀你来挑战 ‹‹‹‹‹‹‹‹‹‹‹‹

了解了计算机的基本原理，你对计算机有没有全新的认识呢？对编程语言的历史和进制之间的转换是不是有更加清晰的概念了？接下来挑战一下下面的问题吧！

用你自己的话叙述一下机器语言、汇编语言和高级语言分别是什么？高级语言为何可以突出重围，获得程序员的青睐？

请将二进制数值001110011110分别转换为十进制和十六进制数值。

你的生日是哪天呢？如何把它转换为二进制数呢？

‹‹‹‹‹‹‹‹‹‹‹‹

第 2 章　初识 Python 语言

　　最近几年，Python 语言异军突起，成为很多零基础学编程者的首选，企业中的程序开发人员也对它青睐有加。

　　作为一种高级编程语言，Python 语言简单易读，具有很高的扩展性，深受编程者的喜爱。除此之外，Python 语言应用范围广泛，在 Web 编程、图形处理、大数据处理、网络爬虫等领域，都可以看到 Python 的身影。

　　Python 究竟有什么样的魔力让人如此爱不释手呢？接下来就一起来认识 Python 语言，掌握其基本知识和用法，揭开 Python 的神秘面纱吧。

2.1 Python 语言的前世今生

2.1.1 Python 简介

作为一种编程语言，Python 语言可以用来和计算机"交流"以实现程序员的某种想法。

你知道 Python 的前身是谁吗？它又是被谁发明出来的呢？为什么要发明这种语言？相信你很想知道答案，别着急，听我一一道来。

Python 是在 ABC 语言（一种结构化的教学语言）的基础上发展起来的，是由荷兰人 Guido van Rossum 发明。程序员的浪漫和常人不同，别人在圣诞节往往聚会欢庆，程序员 Guido 却体会不到那份快乐，为了打发无聊时间，他决心开发一种新的脚本解释程序，于是 Python 就这样被创造出来了。

Python 具有跨平台、开源、免费等特点，是结合了解释性、编译性、互动性的脚本语言，也是一种计算机程序设计语言（图 2-1）。最初 Python 只是在自动化脚本的编写方面有所应用，随着 Python 的不断更新和改善，现在它被用在很多大型软件开发项目之中。

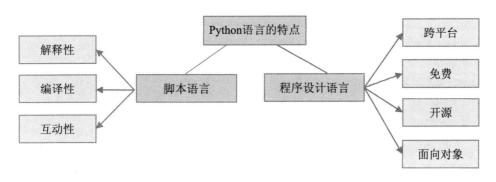

图 2-1 Python 语言的特点

众所周知,语言有它的地域性,不同地区的人们有着自己的语言习惯。同样,编程语言也有类似的问题,不同类型的编程语言不能混用,但是 Python 却能用它丰富又强大的库将其他语言(比如 C/C++ 语言)编写的模块联结在一起,打破了这层"壁垒"。因此,Python 又被称作"胶水"语言。

2.1.2　Python 的现状

Python 自 1991 年公开发行第一个版本,至今不过约 30 年的时间。它的现状如何呢?根据调查显示,自 2004 年开始,Python 的使用率就直线上升,越来越多的人开始接触并使用 Python 进行项目开发。

2010 年,Python 甚至一度超过 Java 和 C 语言,排在 TIOBE 2010 年度热门编程语言的首位;2017 年,Python 在 IEEE Spectrum 发布的编程语言排行榜上也一骑绝尘,荣获桂冠。由此,我们可以认识到 Python 语言有多么受欢迎了。

在国外,使用 Python 做科学计算的研究机构有很多,一些知名大学(比如麻省理工学院)也开设了 Python 程序设计课程。

在国内,很多高中生和初中生也在慢慢接触和学习 Python 语言。可以预见,在未来的一段时间内,Python 的热度还将持续上升。

2.1.3　Python 的版本类型

Python 具有很强的兼容性,无论是 Windows 操作系统、macOS 操作系统还是 Linux 操作系统,Python 都可以在上面运行(图 2-2)。

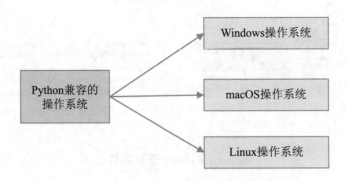

图 2-2　Python 可以在不同操作系统下运行

Python 自发布以来，总共有 3 个版本，分别是 Python 1.0 版本、Python 2.0 版本、Python 3.0 版本，它们各有优点（图 2-3）。

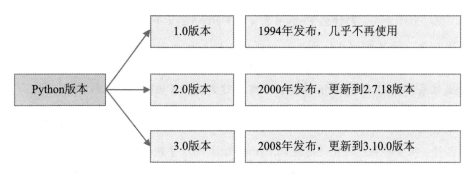

图 2-3　Python 的版本类型

那么，作为一个初学者，面对如此之多的版本类型，该选择哪个版本呢？Python 3.x 版本就是一个不错的选择。目前，使用 Python 3.x 版本的开发者正在迅速扩展，最主要的原因是 Python 3.x 在 Python 2.x 的基础上做了功能升级，在字符编码方面让人更易于理解（图 2-4）。

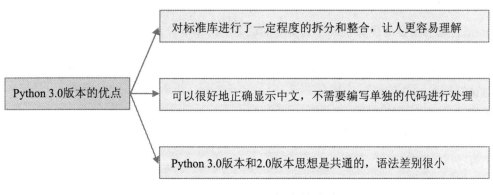

图 2-4　Python 3.0 版本的优点

拨 开 迷 雾

为什么 Python 3.x 和 Python 2.x 不兼容?

很多人认为,随着软件升级换代,软件性能越来越完善,高版本的软件是可以向下兼容的,比如 64 位的操作系统可以兼容 32 位的操作系统。

为什么这条法则对于 Python 不适用了呢? 这是因为 Python 2.x 和 Python 3.x 差别比较大,并不是简单地升级换代,Python 2.x 的多数代码在 Python 3.x 的环境下不能直接运行,需要修改源代码。

除此之外,很多扩展库的发行总是比 Python 版本晚,导致这些库目前并不支持 Python 3.x,所以我们在下载 Python 版本时需要清楚自己学习的目的,想要从事哪些方面的开发。

2.1.4　Python 语言在实际应用中的优势

Python 语言具有明显的优势,最令人喜爱的就是它简单易读的特点了,可不要小看这一点,多少编程初学者败在了程序语言的读写方面。

如果编程语言过于复杂,初学者必然需要花费相当一部分精力去搞清楚程序语言本身,这无疑增加了学习难度。

Python 语言却没有这种担忧,我们在阅读一个 Python 程序时就好像在阅读一个英文文档,很容易理解。除此之外,Python 语言的语法、关键字等结构也比较简单。Python 语言的优点如图 2-5 所示。

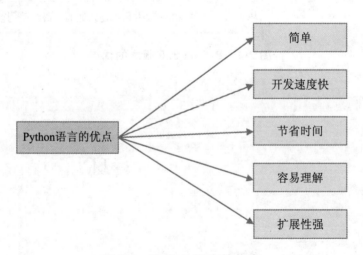

图 2-5　Python 语言的优点

2.2　Python 解释器

Python 是一种高级语言，因此不能被计算机直接识别，所以需要一位"翻译"，能够把 Python 语言一行一行直接转译运行，这个翻译就是 Python 解释器，它实际上是一种电脑程序（图 2-6）。

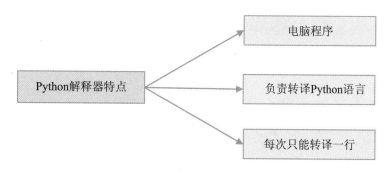

图 2-6　Python 解释器的特点

Python 解释器不会一次把整个程序转译出来，它每转译一行程序就需要立刻运行，然后再转译下一行，再运行，因此解释器的程序运行速度比较缓慢。

想要在计算机上运行 Python 程序，Python 解释器必不可少，我们常说下载 Python，其实就是下载 Python 解释器。

2.3　搭建 Python 语言的开发环境

认识了 Python 解释器，接下来就需要搭建开发环境了。任何语言想要在计算机上运行，必须配有相对应的开发环境，这样才能真正运行 Python 程序。

2.3.1 Python 的下载与安装

想要下载安装 Python，首先要找到其安装包，可以从链接 http://www.python.org 下载 Python，其下载分为以下几个步骤。

第一步，前往官网，点击"Downloads"菜单，在下拉菜单中直接点击"Python 3.10.0"按钮下载最新的 Python 解释器。也可以点击其他选项，查找与操作系统相兼容的 Python 版本。本书以 Python 3.10.0 版本为例进行演示（图 2-7）。

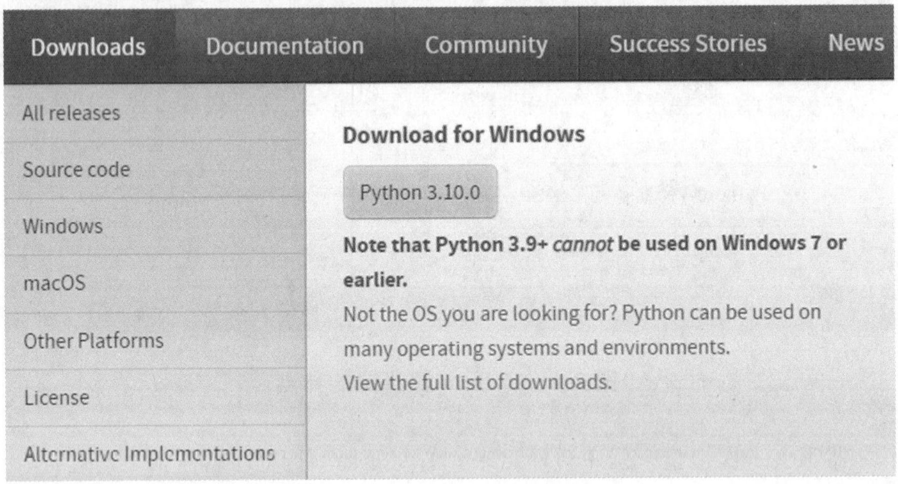

图 2-7　找到对应的 Python 版本

第二步，下载完成后，你会得到一个名称为"python-3.10.0-amd64.exe"的安装文件，双击该文件进行安装。

第三步，选择"Install Now"选项，并注意勾选下面的 Add Python 3.10 to PATH，这一步比较重要，选择此处之后就可以不再手动配置环境变量，会自动配置，然后等待安装完成（图 2-8）。

第四步，检测安装是否成功。运行 cmd 命令，输入"python"，如果没有出现"'python'不是内部命令"等文字，而是出现说明 Python 版本信息的文字，则说明安装成功。

图 2-8　选择安装并配置环境变量

2.3.2　PyCharm 的下载与安装

PyCharm 是一种 Python 集成开发环境，实际上是 Python 编辑器，可以在上面编写代码。同时，该编辑器上有一系列工具可以帮助提高 Python 代码编写效率，如调试、Project 管理、代码跳转、智能提示、自动完成等，除此之外，PyCharm 也可以用于支持 Django 框架下的专业 Web 开发。

PyCharm 的下载网站为 https://www.jetbrains.com/pycharm/download，其下载与安装可以分为以下几个步骤。

第一步，在官网上找到你所需要的版本开始安装（图 2-9）。

第二步，下载完成后双击该文件，在弹出的欢迎页面中，点击"Next"按钮，进入下一个页面，设置安装路径（图 2-10）。

第三步，点击"Next"按钮，进入下一界面，进行关联 .py 文件等操作（图 2-11）。

第四步，点击"Next"按钮，进入下一界面，选择开始菜单文件夹，点击"Install"按钮（图 2-12）。

第五步，等待安装，安装完成后，选择"Reboot now（马上重启）"或者"I want to manually reboot later（稍后手动重启）"，点击"Finish"按钮（图 2-13）。至此，PyCharm 就算安装完成了，不过需要计算机重启后才能正常使用。

图 2-9　找到合适的 PyCharm 版本进行安装

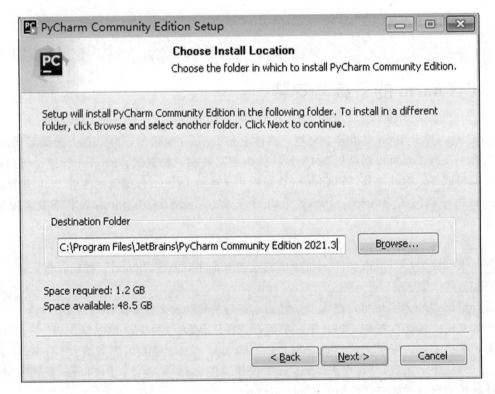

图 2-10　选择安装路径

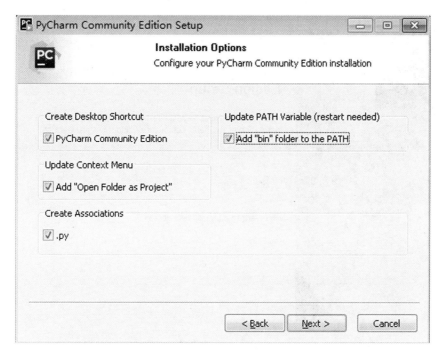

图 2-11　在 PyCharm 中进行关联 . py 文件等操作

图 2-12　选择开始菜单文件夹

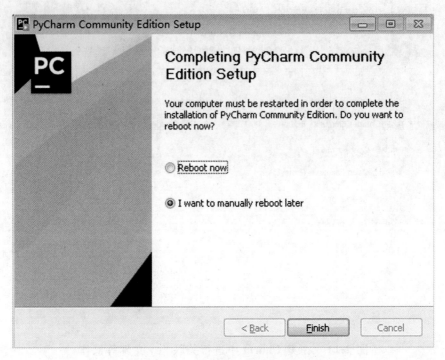

图 2-13   PyCharm 安装完成

●●●● **编程宝典** ●●●●

PyCharm 版本的选择

我们在安装 PyCharm 时经常遇到各种各样的问题，但不要着急，自有妙招来帮你解决问题。比如在下载 PyCharm 时会搜索到两个版本，那么，我们该下载哪一个呢？

实际上，这两个版本大同小异，下载哪一个都可以。社区版的 PyCharm，具有免费、提供源程序的优点；专业版本的 PyCharm，其内容更为强大，但是需要收费，你可以根据需要下载相应版本。

2.3.3　PyCharm 设置

PyCharm 下载安装完成之后并不能直接使用，你还需要和 Python 解释器关联起来，这样你才能在 PyCharm 中运行 Python 程序。

第一次使用时，会弹出一个页面，勾选"Do not import settings"选项，然后点击"OK"按钮。

该如何配置 PyCharm 的开发环境呢？配置 PyCharm 开发环境的步骤如下。

第一步，点击菜单"File-Settings"，弹出设置界面（图 2-14），在左侧选择"Project Interpreter"选项，然后点击右侧的设置图标，选择"Add"选项。

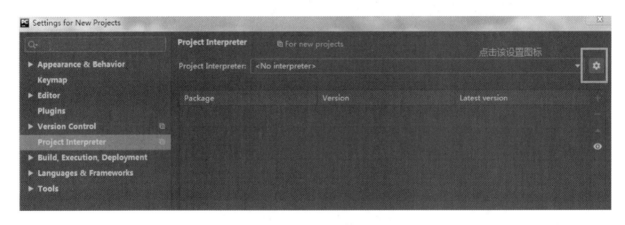

图 2-14　PyCharm 的设置界面

第二步，进入下一页面，选择"Existing environment"选项，添加 Python 的路径，点击"OK"按钮。

第三步，点击"OK"按钮回到上一个页面之后，你会发现页面已经添加了 Python 的路径，点击右下角的"Apply"，然后点击"OK"按钮，至此，PyCharm 开发环境配置完成。

你还可以对界面风格进行设置，你是喜欢白色背景还是黑色背景，选定之后，点击左下角的"Skip Remaining and Set Defaults"按钮（图 2-15）。

当开发环境配置完成，页面风格选择完成之后，你就可以使用 PyCharm 编写程序了。

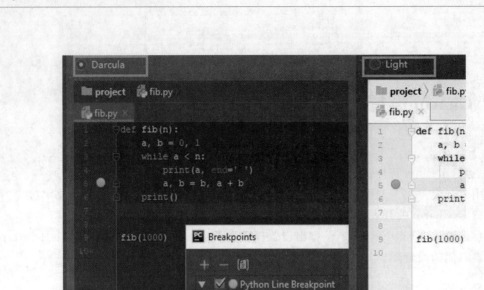

图 2-15　设置 PyCharm 页面风格

IDLE 工具和 PyCharm 的区别

也许你会感到奇怪，明明 Python 就有自带的开发工具，为什么还要下载第三方开发工具呢？

因为 Python 自带的 IDLE 工具功能比较单一，而 PyCharm 功能强大，可以提高用户开发程序的效率。PyCharm 中有很多功能是自带的 IDLE 工具所没有的，例如智能提示、自动完成、语法高亮，等等，PyCharm 甚至可以基于 Web 进行开发。

2.4　Python 程序

下载了 Python 运行工具并搭建了 Python 语言环境之后，就万事俱备只欠东风了，你就可以开始编写 Python 程序了。

2.4.1　编写第一个 Python 程序

认识新语言的第一步就是从输出开始，输出文字是最简单的命令，只需要使用 print ()函数即可。

Python 程序的编写比较简单，不用引入库函数，不需要用分号来表示这一行的结束，只需要启动 Python 解释器，然后在命令行窗口输入代码即可。

在命令行窗口编写程序的步骤如下。

第一步，输入 cmd 命令，启动命令行窗口。

第二步，在提示符后面输入"python"，并且按<Enter>键，进入到 Python 解释器中。

第三步，在提示符"＞＞＞"的右侧输入以下代码，并且按下<Enter>键。

```
print("Python 是编程语言中最简单的语言之一。")
```

这句简单的代码就可以看作是一个 Python 程序，在命令行窗口运行程序比较简单，只要输入语句然后按下<Enter>键就可以，但如果程序比较复杂，代码语句比较多，那么在命令行窗口运行的话就不利于维护和运行，这时可以选择 IDLE 或者第三方开发工具（比如 PyCharm）。

●●●● 编程宝典 ●●●●

如何找到 Python 自带的 IDLE 工具

如果你想要找到 IDLE 工具来编写简单程序，可以按照以下步骤进行。

第一步，单击开始菜单，选择"所有程序"中的"Python 3.10"。

第二步，找到"IDLE（Python 3.10 64－bit）"选项，单击即可打开 IDLE 窗口。

第三步，找到 IDLE 窗口中的菜单栏，新建一个文件，其文件形式一般为.py 形式，然后你就可以在该文件中编写程序了。

2.4.2 Python 注释

编写程序时，总是离不开注释。注释是对代码的解释和说明，如同个人介绍一样，标注了个人关键信息，包括兴趣爱好等，注释的作用就是让别人了解该段程序所实现的功能，让他人更快速地对代码进行了解。

在程序执行过程中，注释的内容将被 Python 解释器忽略，不会被执行，在 Python 中，有 3 种类型的注释（图 2-16）。

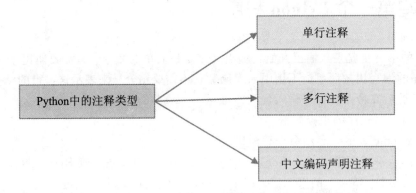

图 2-16 Python 中的注释类型

单行注释：从符号"#"开始直到换行为止，"#"后面所有的内容都会被 Python 编译器忽略，其语法格式为：#注释内容，具体代码如下所示。

```
print("床前明月光,低头思故乡")  # 注释语句,这是一句古诗
```

单行注释的位置通常有两种情况，一种是放在要注释代码的上方，另一种是放在要注释代码的右侧。

多行注释：将所要注释的内容包含在一对三引号之间，这样的代码将被解释器忽略，其注释位置一般放在文件的起始部位，多用来注释版权、功能等信息，该类信息一般内容比较丰富，使用多行注释会更加方便（图 2-17）。

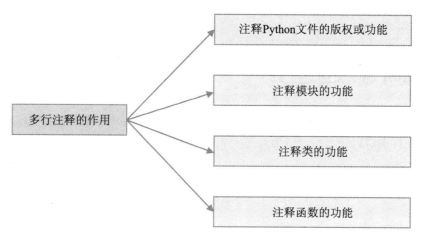

图 2-17 多行注释的作用

中文编码声明注释：这是一种特殊的注释，Python 2.x 版本不支持直接写中文。为了解决这个问题，所以出现了该类注释。

在 Python 3.x 中，该问题已经不存在了，但是为了让页面编码更加规范，同时为了让其他程序员可以更好地了解文件，建议大家加上。中文编码声明注释的语法格式如下。

```
# -*-coding:编码-*-
或者
# coding=编码
```

其中，编码是文件所使用的字符编码类型，不同的编码类型对应着不同的编码（图 2-18）。

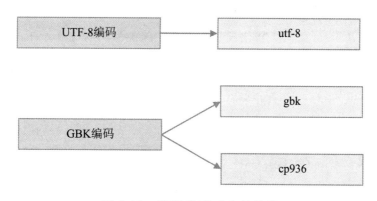

图 2-18 编码类型对应的编码

例如，指定编码为 UTF-8，可以使用下面的中文编码声明注释：

#-*-coding：utf-8-*-

在上面的代码中，"-*-"并没有特殊的作用，只是为了让代码看上去更加美观，所以也可以使用"#coding：utf-8"，它们都代表着相同的意义。

2.4.3　Python 程序的运行

　　Python 程序既可以在 Python 解释器中运行，也可以在 Python 编辑器中运行，其运行方式多样，一般不推荐在命令行窗口运行程序，因为其不利于程序的修改和编写（图 2-19）。

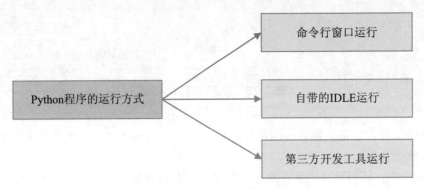

图 2-19　Python 程序的运行方式

　　Python 的程序可以直接在命令行窗口运行，其操作很简单，按下＜Enter＞键即可，但一般我们不推荐使用该方法。一旦程序的代码过多，你会发现，使用这种方式运行，程序不易修改和维护。

　　如果你是在 Python 中自带的 IDLE 窗口中编写程序，你可以等程序编写完成后将文件保存为 .py（Python 程序文件的扩展名）的形式，然后在菜单栏中找到"Run——Run Module"选项运行程序，或者直接按快捷键 F5 运行程序。

　　如果你使用的是 PyCharm 工具，新建项目并创建 .py 类型的新文件，在该新文件中编写代码，然后在菜单栏中找到"Run"选项直接运行即可。

邀你来挑战　◀◀◀◀◀◀◀◀◀◀◀◀

　　工欲善其事必先利其器，在了解了 Python 的基础知识并准备好工具之后，你是不是开始跃跃欲试，想要尽快尝试用 Python 语言编写一个程序？下面就请你用 Python 编写一个程序：画出一个图形并配上古诗一首吧！

　　提示：可以使用 print()函数来完成。

◀◀◀◀◀◀◀◀◀◀◀◀

第 2 篇
基础知识

第3章 变量与转义字符

在 Python 中，变量用于临时存储数据，在实际编程的过程中，变量是不可或缺的。那么，变量要如何定义和使用呢？在使用过程中，又有哪些注意事项？对变量可以进行哪些格式化输出？转义字符又起着什么样的作用呢？接下来一起来寻找这些问题的答案吧。

3.1　变量

3.1.1　变量的定义

我们用 Python 完成的第一个程序，输出了"Python 是编程语言中最简单的语言之一。"试想一下，如果程序里需要多次输出该语句，是不是程序里就会有很多个重复的字符串呢？如果后期需要对输出的语句进行更改，那么需要更改的地方也会有很多，工作量将是灾难性的，而且极容易产生疏漏。因此，编程语言中增加了变量来解决类似的问题。Python 中的变量可以理解为名字或标签，我们将值赋予变量，程序直接对变量进行操作，而不是对值进行操作。这不仅使得程序更加简洁明了，还使得程序可以完成更加复杂的交互功能。

在 Python 中，不需要先声明一个变量就可以直接对变量赋值，变量被赋值后，就会被创建。为变量赋值，可以使用"＝"符号，变量名在"＝"的左边，变量的值在"＝"右边，如下所示。

```
str= "Python 是编程语言中最简单的语言之一。" # 创建字符串类型的变量 str
```

3.1.2　关键字

关键字又称为保留字，每一种编程语言都有自己保留的关键字，这些关键字有特殊的含义和功能，因此给变量、函数、类、模板以及其他对象命名时需要避开这些关键字，以免产生歧义。Python 各个版本的关键字略有不同，Python 3 中的关键字如下所示。

False	await	else	import	pass
None	break	except	in	raise
True	class	finally	is	return
and	continue	for	lambda	try
as	def	from	nonlocal	while
assert	del	global	not	with
async	elif	if	or	yield

在开发程序过程中，如果使用 Python 中的关键字作为变量名，则解释器会提示"cannot assign to ×××"的错误信息，如下所示。

```
>>>True= 'hello'
File "< stdin> ",line 1
SyntaxError:cannot assign to True
```

拨 开 迷 雾

True 和 TRUE 表示的含义相同吗？

Python 编程语言是严格区分大小写的，保留字也一样。所以，True 和 TRUE 表示的含义是不一样的，True 是保留字，但 TRUE 不是保留字，编写代码时要注意这一点。

3.1.3 标识符

我们把用来标识某个事物的符号叫作标识符。简单来说，标识符就是一个名字，就好像在现实生活中每样事物都有自己的名字，在编程语言里，变量、函数、类、模块以及其他对象也需要名字，他们的名字就用标识符来表示。

标识符的命名最好符合语言习惯，例如要表示姓名，可以使用 name，要表示学生，可以使用 student，要表示动物，可以命名 animal，这样通过名字就可以猜出其含义。

3.1.4　命名习惯

Python 中的标识符不能随意命名，需要遵守以下命名规则。

（1）标识符是由字母（A～Z 和 a～z）、下划线和数字组成的任意长度的字符串，但不能以数字开头。例如，name2，monkey_name，_name 都是合法的，但 2name 是不合法的，会报语法错误（SyntaxError），如下所示。

```
>>>2name='monkey'
  File "<stdin>",line 1
    2name='monkey'
    ^
SyntaxError:invalid syntax
```

（2）标识符的名字不能使用 Python 中的关键字（即保留字）。

（3）Python 中的标识符，不能使用空格、@、%、$ 等特殊字符，例如 name@ 是不合法的，会报语法错误，如下所示。

```
>>>name@ ='monkey'
Traceback(most recent call last):
  File "<stdin>",line 1,in <module>
TypeError:unsupported operand type(s)for @ = :'str' and 'str'
```

（4）Python 的标识符是区分大小写的。所以，如果同时定义了变量 name、Name 以及 NAME，那么它们就是完全无关的 3 个变量，如下所示。

```
>>>name="monkey"
>>>Name="dog"
>>>NAME="cat"
>>>print(name)
monkey
>>>print(Name)
dog
>>>print(NAME)
cat
```

除了以上必须遵守的规则外，Python 的标识符也有一定的命名习惯，也叫作命名规范。在实际应用中，一个项目经常需要多人合作完成，因此统一的命名规范能够帮助开发人员快速地了解彼此代码的含义，使得程序易读易懂。不同项目的命名规范可能有所不同，这里列举一下常用的命名规范。

（1）当标识符用作模块名或函数名时，应简短并使用小写字母，可以使用下划线分割多个字母，例如 student_main、student_register，等等。

（2）当标识符用作包的名称时，应简短并使用小写字母，用"."来进行分隔，例如 com.school、com.school.student，等等。

（3）当标识符用作类名时，单词首字母一般大写，如果是由两个及以上的单词组成，则每个单词首字母大写，其余小写。例如，定义一个学生类，可以命名为 Student，定义一个数学学院类，可以命名为 MathAcademy。

（4）模块内部的类名，可以采用"下划线＋首字母大写"的形式，如_Book。

（5）常量一般全部使用大写字母，多个单词之间用下划线来进行分隔，例如上学时间一般是固定值，不会发生变化，我们把上学时间定义为常量：SCHOOL_TIME。

你可能会觉得以上规范略微烦琐，如果不按照规范进行命名会如何呢？其实只要遵守命名规则，即使不遵守规范，程序也不会出现错误，依然可以正常运行，但是遵守命名规范的程序使他人更易懂，也更容易对程序进行扩展。况且它并不难，只要从一开始养成良好的习惯，按照规范进行命名，很快就可以掌握，而且不同的编程语言，命名规范大体上是相通的，这就意味着，习惯了这种方式，以后学其他语言也能快速掌握。

3.2 格式化输出

3.2.1 拼接符

程序中想要拼接两个字符串，可以使用拼接符"＋"来完成。

【例】使用"＋"拼接两个字符串，具体代码如下所示。

```
>>>name1='Pyth'
>>>name2='on'
>>>name3=name1+name2
>>>print(name3)
Python
```

●●● **编程宝典** ●●●

"＋"拼接符并不适用于所有类型

"＋"号可以拼接两个字符串类型的变量，如果用"＋"来拼接其他类型的变量，则可能会出现错误，如下所示。

```
>>>name1='Python'
>>>num=3
>>>name2=name1+num
Traceback(most recent call last):
  File "<stdin> ",line 1,in <module>
TypeError:can only concatenate str(not "int")to str
```

3.2.2　格式化符号

实际应用过程中，输出的格式需要根据实际情况来调整。例如，展示学生成绩时，需要保留一位小数。那么，在 Python 中如何按照格式进行输出呢？

在 Python 中，格式化符号为"％"。Python 中的 print()函数，与 C 语言中的 printf()函数具有很多相似性，它们都是通过使用操作符百分号（％）来实现格式化输出。如果你之前学习过 C 语言的 printf()函数，那也一定能够轻松掌握 Python 中的 print()函数。

print()函数使用以"％"开头的转换符对各种类型的数据进行格式化输出（表 3-1）。

表 3-1　字符串格式化符号

转换符	含　义	转换符	含　义
％d	转换为带符号的十进制整数	％g	智能选择使用％F 或％e 格式
％o	转换为带符号的八进制整数	％G	智能选择使用％F 或％E 格式
％x	转换为带符号的十六进制整数（小写）	％s	使用 str()函数将表达式转换为字符串
％X	转换为带符号的十六进制整数（大写）	％c	格式化字符及其 ASCII 码
％e	转换为科学计数法表示的浮点数（e 小写）	％f、％F	转换为十进制浮点数，可指定精度值
％E	转换为科学计数法表示的浮点数（e 大写）	％r	使用 repr()函数将表达式转换为字符串

转换符只是一个占位符。它会被后面表达式（变量、常量、数字、字符串等）的值替代。也就是说转换符只是替后面的表达式占位子而已，最终会用后面的值代替转换符来进行输出，而输出的格式则由转换符来确定。

【例】使用转换符输出整数和浮点数，具体代码如下所示。

```
>>>age=10
>>>print('果果已经%d岁了！'  %age)
果果已经10岁了！
>>>print('果果的考试分数为% f'  %99.5)
果果的考试分数为 99.500000
```

这里%d是一个占位符，输出时，将后面的表达式 age 的值转化为整数替代占位符进行输出。

代码中第二次调用 print() 函数时，表达式的值是 99.5，但是输出结果却为 99.500000，后面多了 5 个 0，这是因为浮点数输出时默认保留 6 位小数。但作为考试分数，这样的输出结果并不理想，我们只需要保留一位小数即可，Python 中可以使用%.1f 来控制保留一位小数位数，代码修改后如下所示。

```
>>> print('果果的考试分数为%.1f'  %99.5)
果果的考试分数为 99.5
```

由此可见，除了利用"%"来进行字符串格式化，Python 中还提供一些辅助符配合"%"实现更精确的格式化，上述例子中的"."符号即是辅助符的一种，Python 中的其他常见辅助符见表 3-2。

表 3-2   格式化辅助符及含义

辅助符	含　　义	辅助符	含　　义
*	定义宽度或小数点精度	0	显示的数字前面填充 0 而不是空格
−	左对齐	(var)	映射变量（通常用来处理字段类型的参数）
+	在数字前显示符号，正数前显示加号"+"，负数前显示"−"	m.n	m 是显示的最小总宽度，n 是小数点后的位数（如果可用的话）
#	在八进制数前显示"0o"，在十六进制前显示"0x"或"0X"		

【例】使用"%"来控制学生信息的输出格式，具体代码如下所示。

```
>>>name='王明'
>>>age=19
>>>score=97.5
>>>print("姓名:%8s\n年龄:%8d\n成绩:%8.1f" %(name,age,score))
姓名:      王明
年龄:       19
成绩:      97.5
```

　　在此例中，通过在"%"后添加数字来控制输出字符串的宽度，输出的姓名、年龄和成绩都占用8个字符的宽度（其中成绩保留1位小数），不足8个字符的用空格补齐，默认右对齐，通过这种方式可以使我们输出的结果保持整齐的效果。注：print()中的"\n"是换行符。

　　【例】使用多种输出格式展示班级的平均成绩。

　　使用"一"符号来使输出结果左对齐（右侧用空格补齐总长度），使用"0"进行填充，使用"+"来显示符号，具体代码如下所示。

```
>>>aveScore=89.65
>>>print("班级的平均成绩为:%8.3f" %aveScore)
班级的平均成绩为:  89.650
>>>print("班级的平均成绩为:%-8.3f" %aveScore)
班级的平均成绩为:89.650
>>>print("班级的平均成绩为:%08.3f" %aveScore)
班级的平均成绩为:0089.650
>>>print("班级的平均成绩为:%+8.3f" %aveScore)
班级的平均成绩为:+89.650
```

　　【例】使用"#"来控制八进制和十六进制的表示方式，具体代码如下所示。

```
>>>num=26
>>>print("%d转换为八进制是%o" %(num,num))
26转换为八进制是 32
>>>print("%d转换为八进制是%#o" %(num,num))
26转换为八进制是 0o32
>>>print("%d转换为十六进制是%x" %(num,num))
26转换为十六进制是 1a
>>>print("%d转换为十六进制是%#X" %(num,num))
26转换为十六进制是 0X1A
```

3.2.3　格式化字符串

格式化字符串可以通过使用格式化符号（"%"）来实现，也可以通过使用 str.format()方法来实现。format()方法是 Python 2.6 版本以后出现的，它是字符串对象提供的方法，也是一些 Python 社区推荐使用的方法，因此本节将重点介绍 str.format()方法。

format()方法的语法格式如下。

```
str.format(args)
```

str 表示将被格式化的字符串（即模板），args 表示要进行替换的项，如果有多个，可以用逗号隔开，方法返回结果为字符串被格式化以后的内容。

下面介绍创建模板。模板的语法格式如下所示。

```
{[index][:[[fill]align][sign][#][width][grouping_option][.precision]
[type]]}
```

参数说明：

index：可选参数，表示索引位置，索引值从 0 开始。

fill：可选参数，可为任意字符（除了"｛"或者"｝"），默认为空格，代表空白处填充的字符。

align：可选参数，用于指定对齐方式，4 个值可选（表 3-3）。

表 3-3　align 参数选项说明

选　　项	说　　明
<	内容左对齐（大多数对象的默认值）
>	内容右对齐（数字的默认值）
=	将填充放置在符号（如果有）之后，但在数字之前，此选项仅对数值类型有效
^	内容居中

sign：可选参数，仅对数值类型有效。值为"＋"时，正负数均显示符号，值为"－"时，只有负数显示符号，值为空格时，正数加空格，负数加负号。

＃：可选参数，对于二进制、八进制、十六进制数，如果加上"＃"，会显示 0b/0o/0x 前缀，对于浮点数，如果加上"＃"，会显示小数点符号，即使其不带小数部分。

width：可选参数，定义内容占用宽度。

grouping_option：可选参数，值为"，"时，表示用"，"作为千位分隔符。值为"_"时，表示对浮点数类型和整数类型"d"使用"_"作为千位分隔符。对于类型"b""o""x"和"X",将为每4 个数位插入一个"_"。对于其他类型指定此选项会报错。

　　precision:可选参数,指定浮点数保留的小数位数,对于非数值类型,该参数表示最大内容长度,就是要使用多少个字符,可以用于字符串的截取。对于整数值则不允许使用该字段。

　　type:可选参数,指定数据如何呈现,可以使用的格式化字符见表 3-4。

表 3-4　type 可用的格式化字符

替换项类型	格式化字符	含　义
字符串	s	字符串格式,这是字符串的默认类型,可省略
整数	b	二进制格式
	c	字符,在打印之前将整数转换为相应的 unicode 字符
	d	十进制整数
	o	八进制格式
	x、X	十六进制格式,使用小写(x)或者大写(X)字母表示 9 以上的数码
float、Decimal	E、e	科学计数法
	F、f	定点计数法(默认保留 6 为小数)
	G 或 g	自动在 E 和 F 或者 e 和 f 中切换

　　以上说明略为抽象,简单来说,str.format()方法中,str 中的大括号"{}"以外的字符,会按照原样输出,"{}"将被替换,替换的过程即进行格式化的过程,格式化的规则将按照模板的语法格式进行,如果需要输出大括号字符,可以通过重复来转义,如"{{"和"}}"。从结果来看,format()方法与"%"有着异曲同工之处。

　　下面通过举例来说明用法。

　　【例】按照"{}"的顺序依次匹配括号"()"中的值。具体代码如下所示。

```
>>>s="{}是个{}".format("果果","女孩")
>>>print(s)
果果是个女孩
```

　　这里会用"果果"和"女孩"替换掉"{}"来进行输出。

　　【例】通过索引匹配参数。注:索引从 0 开始,索引和默认格式不可以混用,否则会报错,代码如下所示。

```
>>>s="{0}是个{1}".format('果果','女孩')
>>>print(s)
果果是个女孩
>>>s1="{1}是个{2}".format('果果','佳佳','女孩')
>>>print(s1)
佳佳是个女孩
>>>s1="{}是个{2}".format('果果','佳佳','女孩')
Traceback(most recent call last):
  File "<stdin>",line 1,in <module>
ValueError:cannot switch from automatic field numbering to manual field spec-
ification
```

【例】格式化字符串的高级用法 1，具体代码如下所示。

```
>>>temp='工号:{0:0>9d}\t 员工姓名:{1:s}\t 工资:{2}'
>>>staff=temp.format(28,'李明',6835.8)
>>>print(staff)
工号:000000028 员工姓名:李明   工资:6835.8
```

这里 {0:0>9d} 表示匹配第 0 个索引，即整数 28，":"后的 0 表示使用 0 进行填充，">"表示右对齐，9 表示字符串长度，因此显示出的结果为 000000028；{1:s} 表示匹配第一个索引，转化为字符串（这里如果不写:s，输出结果相同），{2} 表示匹配第二个索引。

【例】格式化字符串的高级用法 2，具体代码如下所示。

```
>>>temp2='工号:{0:0^9d}\t 员工姓名:{1:.1s}\t 工资:{2:>9.2f}'
>>>staff=temp2.format(28,'李明',6835.8)
>>>print(staff)
工号:000280000 员工姓名:李明       工资: 6835.80
```

这里 {1:.1s} 表示截取索引为 1 的字符串中的一个字符，{2:>9.2f} 表示对索引为 2 的浮点数，进行右对齐，共显示 9 个字符，不足的用空格补充，显示 2 位小数。

【例】格式化字符串的高级用法 3，请看下面代码。

```
>>>temp3='工号:{0:-<9d}\t 员工姓名:{1}\t 工资:{2:>9,.2f}'
>>>staff=temp3.format(28,'李明',6835.8)
>>>print(staff)
工号:28------- 员工姓名:李明   工资:6,835.80
```

这里 {0:-<9d} 表示对索引 0 进行左对齐，显示 9 个字符，不足的用"-"来补充，{2:>9,.2f} 中的逗号表示使用千位分隔符。

3.3　转义字符

在操作字符串时，有时会遇到这样的问题，例如想要将一个字符串中间进行换行，应该怎么办？再比如，想要在一个由双引号引用的字符串中间加入真正的双引号怎么操作？这时候就需要借助转义字符，Python 中的转义字符为"\"。借助转义字符，可以将特殊字符变为普通字符，也可使用"\"加一些字母，表示特殊的含义。接下来，就一起来认识下换行、制表符和结束符的转义表示方法吧。

3.3.1　换行

在程序中想要输出换行，可以使用换行符，在 Python 中，换行符为"\n"。

【例】使用换行符"\n"输出换行，具体代码如下所示。

```
>>>print("今天会下雨吗？\n 不会。")
今天会下雨吗？
不会。
```

3.3.2　制表符

从字面意思不难理解，制表符是帮助我们制作表格用的，它帮助我们将表格的各列对齐。在 Python 中，制表符为"\t"，t 表示的是 table 的含义。

【例】使用制表符打印出员工工号、姓名、年龄和工资，具体代码如下所示。

```
print("工号\t 姓名\t 年龄\t 工资")
print("0001\t 李明\t28\t\t5899")
print("0002\t 王强\t25\t\t5500")
print("0003\t 张义\t30\t\t6100")
```

运行以上代码，输出结果如下。

```
工号          姓名          年龄          工资
0001          李明          28          5899
0002          王强          25          5500
0003          张义          30          6100
```

3.3.3 结束符

使用 print()函数时，打印输出之后都会默认换行，那是因为在 Python 中，print()函数默认自带结束符 end＝"\n"，所以打印都会默认换行，我们也可以自定义结束符。

【例】自定义 print()函数的结束符，具体代码如下所示。

```
print('这行结束符为制表符',end="\t")
print('这行结束符为换行',end="\n")
print('这行结束符为 5 个星星',end="*****")
print('到这里就结束啦')
```

运行以上程序，输出结果如下所示。

```
这行结束符为制表符      这行结束符为换行
这行结束符为 5 个星星*****到这里就结束啦
```

除了以上 3 种转义字符，在 Python 中还存在着很多其他转义字符，具体含义见表 3-5。

表 3-5 常用的转义字符及其含义

转义字符	含　　义	转义字符	含　　义
\	续行符	\ "	双引号
\ n	换行符	\ '	单引号
\ 0	空	\ \	一个反斜杠"\"
\ t	制表符	\ f	换页

邀你来挑战　《《《《《《《《《《

　　本章介绍了变量和格式化输出，学会了格式化输出，就可以按照自己的想法来输出想要的图形了，试着在控制台打印一个如下的爱心形状吧。

参考代码如下。

```
strLove="★"
strSpace=' '
print("%s%s%s%s" %(strSpace*8,strLove*2,strSpace*8,strLove*2))
print("%s%s%s%s" %(strSpace*4,strLove*5,strSpace*4,strLove*5))
print("%s" %(strLove*16))
print("%s" %(strLove*16))
print("%s%s" %(strSpace*2,strLove*14))
print("%s%s" %(strSpace*4,strLove*12))
print("%s%s" %(strSpace*8,strLove*8))
print("%s%s" %(strSpace*12,strLove*4))
print("%s%s" %(strSpace*14,strLove*2))
```

《《《《《《《《《《

第 4 章　数据类型

　　计算机的一个重要功能就是储存和处理数据。编程语言也是通过处理数据来实现复杂的功能。现实生活中，我们的数据形式是各种各样的，例如一个人的姓名，是文本格式；一个人的工资是一个数值；一个班级的所有学生是一个集合；等等。对现实生活中存在的数据进行分类，就得到了编程语言中的各种数据类型。每一种编程语言拥有的数据类型大致是相同的，细节略有不同。接下来，就让我们一起来看看 Python 中有哪些数据类型以及数据类型之间如何进行转换吧。

4.1　数值

　　数值类型又叫数字类型，顾名思义，这种数据类型表示的是数字，Python 中的数值类型包括整数，浮点数（小数）和复数。Python 中支持复数，但是复数并不常用，因此这里不再多加介绍。

4.1.1　整型 int

　　整型，即整数类型，包括正数和负数，但不包括带小数部分的数值。整型也是生活中最常见的类型，可以表示各种数量，例如员工人数、房间数、客户数、电脑数量，等等。

　　在 Python 中，整型用 int 来表示。整型包括十进制整数，八进制整数，十六进制整数和二进制整数。其中，十进制整数直接用数字表示，如 123，25；八进制整数以 0o/0O 开头，后面跟 0~7 组成的数字，如 0o20（换算成十进制数为 16）；十六进制整数以 0x/0X 开头，后面跟 0~9，A~F 组成的数字，如 0x2A（换算成十进制数为 42）；二进制整数以 0b/0B 开头，后面跟 0~1 组成的数字，如 0b1100（换算成十进制数为 12）。我们在交互式环境的提示符 "＞＞＞" 后直接输入以上数字，系统会直接输出对应的十进制数字，如下所示。

```
>>>123
123
>>>0o20
16
>>>0x2A
42
>>>0b1100
12
```

在 Python 中，整数十进制与其他进制可以一起运算。整型支持加（＋）减（－）乘（＊）除（/）取余（％）等混合运算，也支持按位操作，执行过程如下。

```
>>>123+24
147
>>>15+0x10
31
>>>(32-17)*2/3
10.0
>>>10%3
1
>>>8>>1
4
```

4.1.2　浮点型 float

由整数部分和小数部分共同组成的是浮点数。在 Python 中，我们用 float 来表示浮点数类型。在现实生活中，使用浮点数的例子比比皆是。例如，员工绩效，数学中的 π 值，桌子的长度，机器的运行时间，等等。

浮点数只支持十进制数，不支持其他进制数。浮点数支持科学计数法的表示方式，如 3.41e5，－9.346e7，等等。浮点数也可进行加减乘除取余等混合运算，但不支持位运算符。如在交互式环境下尝试以下操作。

```
>>>1.5+3.66
5.16
>>>10-2.3
7.7
>>>0.1+0.1
0.2
>>>0.1+0.2
0.30000000000000004
>>>4/2
2.0
```

这里 0.1＋0.1 的运算结果很正常，但是 0.1＋0.2 的结果却与实际不符，之所以产生这种情况，是因为计算机内部存储整数和浮点数的方式不同，整数运算永远是精确的，但是浮点运算却可能有小小的误差，所有语言都存在这个问题，暂时忽略这些多余的小数位数就好。

另外，整数与浮点数的运算结果一定是浮点数；对于除法操作，无论操作数是浮点数还是整数，结果都是浮点数。

4.2　布尔型 bool

布尔型只有两个值 True 和 False。在 Python 中，布尔型是整型的子类，它的值 True 和 False，转化成整型数值分别是 1 和 0。包含比较运算符"＞""＜""＝＝"的逻辑表达式的结果就是布尔型，例如 12＞10 的结果为 True。

在 Python 中，任何对象都可以进行逻辑值的检测，这样设计的目的是方便在 if 或 while 语句中作为条件使用，以下这些内置对象会被视为假。

（1）None 和 False。

（2）数值类型的零：0，0.0，虚数 0。

（3）空的序列和多项集，例如：''，()，[]，{}，set ()，range (0)。

（4）自定义对象的实例，该实例被调用时，它的 __bool__()方法返回 False 或者 __len__()方法返回 0。

除了以上几种情况，其他情况的对象均被视为真值。

布尔型是整型的子类，所以整型的运算，布尔型都支持，例如在 4.1.1 中提到的加减乘除等混合运算，布尔型的对象都支持，但一般不这么用。在 Python 中对布尔型对象一般进行布尔运算，布尔运算包括 and、or、not，分别表示逻辑与、逻辑或、逻辑非。

4.3　字符串 str

4.3.1　什么是字符串

字符串是编程语言中最常使用的数据类型，交互中的输入和输出类型大部分都是字符串类型。在编程语言中，我们可以把字符串看成是任意个字符的排列。Python 中字符串一般由一对单引号' '或者双引号" "括起来。对字符串提供两种表示方式使得我们能更方便地在字符串中加入引号。

【例】在字符串中不通过转义字符，直接使用双引号，具体代码如下所示。

```
>>>str='佳佳说:"学习编程是一件有意思的事情"'
>>>print(str)
佳佳说:"学习编程是一件有意思的事情"
```

字符串也可以使用一对三重单引号''' '''或一对三重双引号 """ """ 括起来，使用三重引号括起来的字符串可以在不使用转义字符的情况下跨越多行。

【例】使用三重引号在不使用换行符的情况下直接输出换行，具体代码如下所示。

```
print('''The world is so nice!
I love it! ''')
print("""The world is so nice!
I love it!""")
```

运行程序，输出结果如下所示。

```
The world is so nice!
I love it!
The world is so nice!
I love it!
```

4.3.2　访问字符串中的值

字符串是字符的序列，假如有一个字符串 str＝"Python"，则它在计算机内的存储方式如图 4-1 所示，其中数字表示位置索引。

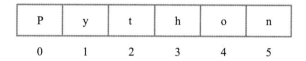

图 4-1　字符串"Python"在计算机内的存储方式

在 Python 中用以上的方式存储字符串，可以很方便地利用索引对字符串中的字符进行读取，使用形式是：＜string＞［index］，具体使用方式如下所示。

```
>>>str='Python'
>>>print(str[0])
P
```

Python 中还支持通过索引，读取字符串的子字符串，使用形式为：＜string＞［＜start_index＞：＜end_index＞］，我们也称其为字符串的切片。

需要注意的是，切片的值包含 start_index 位置，但不包含 end_index 位置，start_index 和 end_index 都可缺省，缺省值分别为 0 和字符串的长度，具体使用方式如下所示。

```
>>>str='Python'
>>>print(str[0:3])
Pyt
>>>print(str[:4])
Pyth
>>>print(str[1:])
ython
>>>print(str[:])
Python
```

4.3.3 字符串支持的操作符

每种数据类型都有自己支持的操作符，字符串支持"＋""＊"等操作符，但与数字类型不同，这两种操作符对字符串进行的不是四则运算。"＋"在这里是拼接符，表示将两个字符串连接到一起，"＊"则表示重复连接。

```
>>>print("Pyth"+"on")
Python
>>>print("Python "*3)
Python Python Python
```

字符串类型的对象还支持运算符"in""not in"。

```
>>>str="python"
>>>"p" in str
True
>>>"b" not in str
True
```

4.3.4 字符串的常用方法

Python 为字符串提供了很多常用的方法，这些方法可以让字符串的操作变得更加简单。字符串的常用方法具体见表 4-1。

表 4-1　字符串的常用方法

方　　法	描　　述
str. split (sep＝None，maxsplit＝－1)	该方法以 sep 为分隔符，将 str 分割成 maxsplit＋1（如果指定了 maxsplit）个子字符串列表并进行返回
str. upper ()	返回 str 的副本，其中原字符串中所有小写字母变为大写字母
str. lower ()	返回 str 的副本，其中原字符串中所有大写字母变为小写字母

续表

方　法	描　述
str. replace (old, new[,count])	重新生成 str 的副本，其中 old 字符串全部或者前 count 个都被替换成 new 新字符串，并返回这个副本
str. capitalize ()	返回 str 的副本，其中只有第一个字符大写，其余均为小写
str. find (sub[,start[,end]])	用于找到子字符串 sub 在切片 str[start:end] 中的最小索引，如果未找到则返回 −1
str. startswith (prefix[,start[,end]])	判断 str[start:end] 是否以 prefix 开始，是返回 True，否则返回 False
str. endswith (suffix[,start[,end]])	判断 str[start:end] 是否以 suffix 结束，是返回 True，否则返回 False
str. center (width[,fillchar])	返回长度为 width 的字符串，原字符串居中。如果 width 长度小于 str 的长度，则返回原字符串的副本，fillchar 为填充的字符，默认为空格
str. count (sub[,start[,end]])	返回子字符串 sub 在 str[start:end] 中出现的次数
str. isdigit ()	判断字符串中是否所有字符都是数字，且至少包含一个数字，是则返回 True，否则返回 False
str. partition (sep)	返回 str 被 sep 分隔后得到的一个三元组，分别是 sep 之前的部分，sep 和 sep 之后的部分，如果 str 中不包含 sep，则返回的三元组为 str 及两个空字符串
str. title ()	返回 str 的标题副本，即每个单词第一个字符大写其余小写
str. join (iterable)	将 iterable 中的字符串进行连接，str 为字符串之间的分隔符，将结果进行返回

4.4　列表 list

　　序列是 Python 中最基本的数据结构。所谓数据结构，就是将一些数据以某种方式组织在一起。我们可以将序列简单地理解为排列在一起的多个数据，这些数据可以是各种数据类型。Python 中内建了 6 种序列，其中最常用的是列表和元组。

　　我们在访问网页和应用时经常见到列表，例如社交软件里的好友列表、邮箱里的邮件列表，这些数据对应的后台存储结构都是列表。

在 Python 中，列表是由一对中括号括起来的，内部元素使用逗号分隔。在同一个列表中，内部的元素也可以是不同类型的，因为各个元素之间没有任何关系，这一点与其他编程语言不同。虽然 Python 的列表语法很灵活，但通常我们在同一个列表中仍然使用相同的数据类型，因为这能大大提高代码的可读性。

4.4.1　列表的创建

在 Python 中可以通过直接赋值的方法来创建列表，语法格式如下。

```
listName=[element1,element2,…,elementn]
```

listName 为列表名称，可以是任何 Python 支持的标识符，elementn 为元素，可以是任何数据类型，也可以是列表。使用方法如下所示。

```
>>>list1=[1,2,3,4,5]
>>>print(list1)
[1,2,3,4,5]
```

4.4.2　访问列表元素

和字符串一样，列表也可以通过索引和切片的方式来访问列表内的元素，访问方式如下所示。

```
>>>list1=[1,2,3,4,5]
>>>print(list1[2])
3
>>>print(list1[0:3])
[1,2,3]
```

如果想要访问列表中的所有元素，我们可以通过循环语句实现，循环语句的具体语法将在第 6 章讲述，这里先展示一个循环访问列表中所有元素的示例。

```
list1=["a","b","c","d","e"]
i=1
for element in list1:
```

```
print("列表的第"+str(i)+"个元素是:"+element)
i+=1
```

代码的输出结果如下。

```
列表的第 1 个元素是:a
列表的第 2 个元素是:b
列表的第 3 个元素是:c
列表的第 4 个元素是:d
列表的第 5 个元素是:e
```

使用切片访问到的元素是原列表的元素吗?

在 Python 中，通过索引方式访问的是列表中的元素，而通过切片方式返回的是一个新列表，所以，使用 list [:] 方式访问得到的结果虽然与 list 的元素值完全相同，但不是同一个列表。

4.4.3　列表支持的运算符

与字符串类似，列表也支持以下运算符："+""*""in""not in"。

运算符 "+"，可以将两个列表进行拼接，返回一个包含两个列表所有元素的新列表。

运算符 "*"，可以将一个列表与数字 n 相乘，返回一个包含 n 个列表元素的新列表。

运算符 "in" 和 "not in"，可以用来判断一个元素是否在列表中。

具体示例如下所示。

【例】在交互式环境下使用运算符操作列表，具体代码如下所示。

```
>>>list1=["a","b","c","d","e"]
>>>list2=["w","q"]
>>>list1+list2
['a','b','c','d','e','w','q']
```

```
>>>list2*3
['w','q','w','q','w','q']
>>>"a" in list1
True
```

4.4.4 列表的更新

列表的更新包括添加元素，删除元素以及更改元素。

（1）添加元素。我们可以使用列表的 append()方法来添加元素，如下所示。

```
>>>list1=["a","b","c","d","e"]
>>>list1.append("w")
>>>print(list1)
['a','b','c','d','e','w']
```

注意：虽然使用操作符"＋"，可以合并列表，但是使用"＋"合并后的列表是新列表，与原始列表并不是同一列表，所以如果希望在原始列表中添加元素，需要使用 append()方法。

（2）删除元素。Python 中可以使用 del 删除列表中的元素，如下所示。

```
>>>list1=["a","b","c","d","e"]
>>>del list1[2]
>>>print(list1)
['a','b','d','e']
```

使用 del 可以删除指定位置的元素，除此之外，del 还可以删除其他对象。

（3）更改元素。在 Python 中我们可以通过对索引和切片直接赋值的方式来更改元素，如下所示。

```
>>>list=["a","b","c","d","e"]
>>>list[2]="ccc"
>>>print(list)
['a','b','ccc','d','e']
>>>list[3:5]=["dd","ee"]
>>>print(list)
['a','b','ccc','dd','ee']
>>>list[3:5]=[]
```

```
>>>print(list)
['a','b','ccc']
```

根据结果可知，使用切片不仅可以改变元素的值，还可以删除元素。

4.4.5　列表的嵌套

列表内的元素可以是任意类型，因此列表内的元素也可以是列表，从而形成列表的嵌套。我们可以使用嵌套列表来表示数学中的矩阵（图 4-2）。

$$\begin{pmatrix} 1 & 2 & 34 \\ 6 & 15 & 7 \\ 9 & 8 & 17 \end{pmatrix}$$

图 4-2　矩阵

【例】使用 Python 中的嵌套列表来表示图 4-2 中的矩阵，具体代码如下所示。

```
matrix=[[1,2,34],[6,15,7],[9,8,17]]
for ele in matrix:
    print(ele)                    # 打印每一行的值
print(matrix[0][2])               # 打印第一行第三列的值
```

输出结果如下所示。

```
[1，2，34]
[6，15，7]
[9，8，17]
34
```

当想要访问嵌套列表里的元素时，可以通过重复使用索引位置来深度定位到内里的元素。

4.4.6 列表的常用方法

列表有很多常用的方法，有了这些方法，我们就能更方便地操作列表，实现更复杂的功能。下面我们就一一介绍这些方法。

（1）添加元素方法，其语法格式如下。

```
list.append(obj)
```

参数 obj 表示要添加的对象，可以是任何数据类型。该方法为列表 list 在末尾加入新元素 obj。

（2）统计次数方法，其语法格式如下。

```
list.count(obj)
```

参数 obj 表示要进行统计的对象。该方法统计 obj 出现的次数，并进行返回。具体用法如下所示。

```
>>>list=[1,2,3,1,1,5,7]
>>>print(list.count(1))
3
```

（3）添加多个元素方法。这个方法与第一个方法不同之处在于：第一个方法只能添加一个元素，但是本方法可以添加多个元素。其语法格式如下。

```
list.extend(seq)
```

参数 seq 表示包含多个元素的序列。extend()方法将 seq 序列中的元素都加入 list 中。具体用法如下所示。

```
>>>list=[1,2,3,1,1,5,7]
>>>list2=[4,6,8,10]
>>>list.extend(list2)
>>>print(list)
[1,2,3,1,1,5,7,4,6,8,10]
```

（4）查找索引位置方法，其语法格式如下。

```
list.index(obj)
```

参数 obj 表示要进行查找的元素。index()方法找到第一个匹配 obj 的索引位置，并进行返回。具体用法如下所示。

```
>>>list=[1,2,3,1,1,5,7]
>>>print(list.index(5))
5
>>>print(list.index(8))
Traceback(most recent call last):
  File "<stdin>",line 1,in <module>
ValueError:8 is not in list
```

需要注意的是，当在 list 中没有找到 obj 时，程序会报错，这里 8 没有在 list 列表中，因此找 8 对应的索引时报错，提示 8 没有在列表 list 中。

（5）插入对象方法，其语法格式如下。

```
list.insert(index,obj)
```

参数 index 表示要插入的索引位置，参数 obj 表示要插入的对象，insert()方法将 obj 插入到列表 list 的指定索引位置（index）上，具体用法如下所示。

```
>>>list=[1,2,3,1,1,5,7]
>>>list.insert(0,9)
>>>print(list)
[9,1,2,3,1,1,5,7]
```

（6）移除元素方法，其语法格式如下。

```
list.pop(index=-1)
```

参数 index 表示要移除的元素的索引位置，默认为 -1。需要注意的是，Python 中的索引是支持负值的，-1 表示倒数第一个索引，-2 表示倒数第二个索引，以此类推。所以当不指定索引值时，pop()方法默认删除最后一个元素，并进行返回。具体用法如下所示。

```
>>>list=[1,2,3,1,1,5,7]
>>>print("移除索引为 2 的元素,该元素值为:",list.pop(2))
移除索引为 2 的元素,该元素值为:3
>>>print("移除元素后的列表值为:",list)
移除元素后的列表值为:[1,2,1,1,5,7]
```

编程宝典

Python 列表的负数索引

Python 中列表支持负数索引，负数索引也是有范围的，它的取值范围从 −1 到负长度，负数索引在需要从后往前访问列表元素时十分有用，例如移除最后一个元素只要指定下标为 −1 即可。

（7）根据对象进行移除的方法，其语法格式如下。

```
list.remove(obj)
```

参数 obj 表示要移除的对象，remove ()方法将移除 obj 的第一个匹配项。具体用法如下所示。

```
>>>list=[1,2,3,1,1,5,7,[1,2,3]]
>>>list.remove(1)
>>>print(list)
[2,3,1,1,5,7,[1,2,3]]
```

（8）反向列表元素方法，其语法格式如下。

```
list.reverse()
```

reverse ()方法将列表 list 中的元素进行反向。具体用法如下所示。

```
>>>list=[1,2,3,1,1,5,7,[1,2,3]]
>>>print("反向前的列表:",list)
反向前的列表:[1,2,3,1,1,5,7,[1,2,3]]
>>>list.reverse()
>>>print("反向后的列表:",list)
反向后的列表:[[1,2,3],7,5,1,1,3,2,1]
```

（9）排序方法，其语法格式如下。

```
list.sort(key=None,reverse=False)
```

参数 key 表示关键函数，它用于指定一个函数，该函数的作用是提取比较键，使得排序方法可以按照某些要求或按照某些属性值进行排序。例如，对于一个员工对象，它具有姓名、年龄、绩效等属性，针对员工列表，可以通过设置 key 值，来实现按照员工的姓名或者年龄或者绩效等排序。参数 reverse 默认值为 False，表示升序排列，reverse 为 True 时表示降序排列。sort ()方法在排序过程中将直接修改 list 列表，而非针对副本进行操作。

【例】将姓名列表按字母顺序（忽略大小写）排序。具体代码如下所示。

```
list=["Liming","Zhanglan","xiaohong","meizi","Yangyi"]
print("原列表:",list)
list.sort()
print("按照升序排序后:",list)
list.sort(reverse=True) # 设置 reverse 为 True,表示降序
print("按照降序排序后:",list)
list.sort(key=str.lower) # 指定比较的键值为元素转化为小写后的值
print("忽略大小写进行升序排序后:",list)
```

运行程序，输出结果如下所示。

```
原列表:['Liming','Zhanglan','xiaohong','meizi','Yangyi']
按照升序排序后:['Liming','Yangyi','Zhanglan','meizi','xiaohong']
按照降序排序后:['xiaohong','meizi','Zhanglan','Yangyi','Liming']
忽略大小写进行升序排序后:['Liming','meizi','xiaohong','Yangyi','Zhanglan']
```

在 Python 中，还有一个具有和 list.sort()方法功能相同的内置函数——sorted()。sorted()函数的语法格式如下。

```
sorted(iterable,key=None,reverse=False)
```

参数 iterable 表示要进行排序的可迭代对象，key 和 reverse 参数与 list.sort()方法中的参数意义相同。sorted()函数功能与 list.sort()方法的功能大体相同，区别在于，list.sort()方法对 list 直接进行修改，返回值为 None，sorted()函数会根据 iterable 构建一个新的列表，针对新列表进行操作并进行返回，因此 iterable 的值将保持不变。

4.5 元组 tuple

元组与列表类似，都是由一系列元素组成，区别在于列表中的元素是可变的，元组中的元素是不可变的。元组使用一对圆括号将元素括起来，元素与元素之间使用逗号分隔，元组中的元素可以是任意类型。

4.5.1　元组的创建

在 Python 中可以通过直接赋值的方法来创建元组,语法格式如下。

```
tupleName=(element1,element2,…,elementn)
```

tupleName 为元组名称,可以是任何 Python 支持的标识符,elementn 为元素,可以是任何数据类型,其使用方法如下。

```
>>>tuple1=(1,2,5,8,19)
>>>print(tuple1)
(1,2,5,8,19)
```

也可以不使用圆括号,直接使用逗号将元素分隔开,如下所示。

```
>>>tuple1=1,2,5,8,19,"string"
>>>print(tuple1)
(1,2,5,8,19,'string')
```

如果想要创建一个空元组,可以操作如下。

```
>>>tuple1=()
>>>print(tuple1)
()
```

在 Python 中想要创建一个只有一个元素的元组时比较特殊,需要在元素后添加逗号,否则将直接被当作普通类型的数据处理,如下所示。

```
>>>tuple1=(1)
>>>print(tuple1)
1
>>>tuple2=(1,)
>>>print(tuple2)
(1,)
```

由此可知,元组中的逗号很重要,只添加圆括号无法确保生成元组类型。

4.5.2　访问元组的元素

和列表一样，元组也可以通过索引和切片的方式来访问元组内的元素，访问方式如下所示。

```
>>>tuple1=(1,56,35,165,24)
>>>print(tuple1[1])
56
>>>print(tuple1[1:4])
(56,35,165)
```

4.5.3　元组支持的运算符

类似于列表，元组也支持以下运算符："+""*""in"及"not in"。
运算符"+"，可以将两个元组进行拼接，返回包含两个元组所有元素的新元组。
运算符"*"，可以将一个元组与数字 n 相乘，返回包含 n 个元组元素的新元组。
运算符"in"和"not in"，可以用来判断一个元素是否在元组中。

4.5.4　删除元组

元组的元素具有不可修改性，因此不能删除元组中的元素，但可以通过 del 语句删除整个元组。

4.5.5　元组的嵌套

元组里的元素除了可以是普通数据类型，也可以是元组或列表，因此元组也可以形成嵌套。元组中的元素是不可以更改的，但当元素是列表时，可以更改列表中的元素值，如下所示。

```
>>>tuple1=(1,56,35,165,24,["a","good","nice"])
>>>tuple1[5][0]="replace"
```

```
>>>print(tuple1)
(1,56,35,165,24,['replace','good','nice'])
```

为什么元组内的元素不能改变，而元组内的列表里的元素值可以改变呢？原因在于，在元组中，当元素是列表时，存放的是列表的地址，而非列表的数据，因此列表的地址是不能改变的，永远都指向同一个列表，但是列表中的数据就跟元组没关系了，因此是可以被更改的。

对于元组类型的变量，当变量不再被使用时，它们占用的空间不会立刻归还给系统，当未来需要再次创建一个元组时，将使用这块预留的空间，因此元组的创建和访问都比列表快速，当只需要访问元素，而不需要改变元素时，建议使用元组。

4.6 集合 set

集合 set 对象是由一系列不同的元素组成的数据集，集合内部没有重复的元素。Python 中的集合分为可变集合（set）和不可变集合（frozenset）两种，本书中主要介绍可变集合 set。集合使用一对大括号"{}"将元素括起来，元素与元素之间使用逗号分隔。

4.6.1 集合的创建

在 Python 中可以通过直接赋值的方法来创建集合，语法格式如下。

```
setName={element1,element2,…,elementn}
```

setName 为集合名称，可以是任何 Python 支持的标识符，elementn 为元素，只能使用字符串、数字、布尔型及元组等不可变对象，不能使用列表、字典等可变对象。需要注意的是，集合内是不能有重复元素的，所以在创建时如果输入了重复元素，则 Python 只保留一个。另外，集合中的元素是无序的，因此同样的程序多次运行，每次运行输出的集合元素顺序可能不同，如下所示。

```
>>>set1={"lili","mingming","lili",1,2,1}
>>>print(set1)
{'lili',1,2,'mingming'}
```

Python 还可以通过 set()函数来创建集合。语法格式如下。

```
setName=set(iterable)
```

setName 为集合名称，可以是任何 Python 支持的标识符，iterable 为可迭代的对象。set()方法将 iterable 对象中的元素转换为集合，具体用法如下。

```
>>>set1=set(["aa","bb","cc"])
>>>print(set1)
{'cc','aa','bb'}
```

需要注意的是，当想创建一个空集合时，必须使用 set()函数创建，而不能使用"{}"来创建，这是因为"{}"用来创建一个空字典。在 Python 中，集合的创建，推荐使用 set()函数。

4.6.2 集合的更新

集合的更新包括添加元素和删除元素。

（1）添加元素。我们可以使用 add()方法来添加元素，其语法格式如下。

```
setName.add(obj)
```

参数 obj 表示要添加的元素，可以是任意不可变对象，例如数字、字符串、布尔值、元组，等等，不能选用可变对象，如列表、字典。使用方法如下所示。

```
>>>set1=set(["aa","bb","cc"])
>>>set1.add("dd")
>>>print(set1)
{'cc','aa','dd','bb'}
```

还有一个方法可以用于添加元素，即 update()方法，其语法格式如下。

```
setName.update(iterable)
```

参数 iterable 表示要添加的元素，可以是任意可迭代对象。如下所示。

```
>>>set1=set(["aa","bb","cc"])
>>>set1.update([1,2])
>>>print(set1)
{1,2,'bb','cc','aa'}
```

（2）删除元素。从集合中删除元素可以使用 pop()方法或 remove()方法，清空集合可以使用 clear()方法。下面分别介绍这三个方法。

使用 pop()方法将随机删除一个元素，语法格式如下。

```
setName.pop()
```

setName 表示要操作的集合。pop()随机删除一个元素，并将该元素返回。具体使用方法如下。

```
>>> set1=set(["lili","mingming","lili",1,2,1])
>>> set1.pop()
'lili'
>>> print(set1)
{1,2,'mingming'}
```

此代码多运行几次，会发现每次输出的结果可能都不同，那是因为 pop()方法是随机删除的。

使用 remove()方法将删除指定的元素，语法格式如下。

```
setName.remove(element)
```

参数 element 表示要删除的元素，如果 element 不在 setName 集合中，则会报错。remove()方法删除指定元素 element。具体使用方法如下。

```
>>> set1=set(["lili","mingming","lili",1,2,1])
>>> set1.remove("lili")
>>> print(set1)
{1,2,'mingming'}
```

使用 clear()方法将清空集合内的元素，语法格式如下。

```
setName.clear()
```

setName 表示要操作的集合，clear()方法清除所有元素，具体使用方法如下。

```
>>> set1=set(["lili","mingming","lili",1,2,1])
>>> set1.clear()
>>> print(set1)
set()
```

4.6.3 集合支持的运算符

Python 中的集合支持 "&" "|" "—" "^" 等运算符。

运算符 "&" 表示交集运算。

运算符 "|" 表示并集运算。

运算符 "—" 表示差集运算。

运算符 "^" 表示对称差集运算。

由此可见，Python 中的集合与数学中的集合是十分类似的。生活中也经常需要使用集合的运算。

【例】统计参加运动会的人员名单。

某公司要举办趣味运动会，运动项目有拔河和跳绳。现在已知参加拔河的员工名单和参加跳绳的员工名单，统计既参加拔河又参加跳绳的员工，可以使用集合的交集；统计参加运动会的一共有哪些员工，可以使用集合的并集；统计只参加拔河而未参加跳绳的员工，可以使用差集；统计只参加了一项运动的员工，可以使用对称差集。具体代码如下。

```python
# setTug 表示参加拔河的人员名单
setTug=set(["王丽","王明","张红","李阳","赵佳","韩冬","赵磊","孙壮"])
# setSkip 表示参加跳绳的人员名单
setSkip=set(["吴美","王珊","张成","栗悠","王明","李阳","许玲","韩冬"])
print("既参加拔河,也参加跳绳的名单:",setTug & setSkip)
print("参加运动会的名单:",setTug | setSkip)
print("只参加了拔河而未参加跳绳的名单:",setTug-setSkip)
print("只参加了拔河或者只参加跳绳的名单:",setTug ^ setSkip)
```

运行程序，输出结果如下。

```
既参加拔河,也参加跳绳的名单:{'李阳','韩冬','王明'}
参加运动会的名单:{'李阳','王丽','赵佳','吴美','许玲','张红','栗悠','张成','赵磊',
'王珊','韩冬','王明','孙壮'}
只参加了拔河而未参加跳绳的名单:{'赵佳','王丽','张红','赵磊','孙壮'}
只参加了拔河或者只参加跳绳的名单:{'赵佳','吴美','许玲','王丽','张红','栗悠','张成',
'王珊','赵磊','孙壮'}
```

4.7 字典 dict

Python 中的字典类型，也是一个序列，与列表不同的是，它的索引不是从 0 开始的连续整数，而是以关键字为索引，关键字可以为任意不可变的类型，如字符串或者数字，而且字典是无序的。我们可以理解为，它的元素是以键值对的形式存在的，键是不可重复的。在 Python 中，字典类型也是通过大括号括起来的，这与集合相同，我们也可以认为字典是键值对的集合。字典类型的应用场景也是很广泛的，例如，我们要存储学生的成绩，可以使用学生的姓名作为键，使用成绩作为值，然后将键值对存于字典类型的变量中。

4.7.1 字典的创建

在 Python 中可以通过直接赋值的方法来创建字典，语法格式如下。

```
dictName={'key1':'value1','key2':'value2',…,'keyn':'valuen'}
```

dictName 表示字典的名字。'keyn'：'valuen'表示键值对，keyn 为键，valuen 为值，多个键值对之间使用逗号分隔，其中键必须使用不可变类型的数据且唯一，值可以是任意类型。

也可以使用 dict ()函数来创建字典，语法格式如下。

```
dictName=dict(**kwarg)
dictName=dict(mapping,**kwarg)
```

dictName 表示字典的名字。不带参数的 dict ()函数可以用于创建一个空的字典。参数 mapping 表示映射对象，参数 ** kwarg 表示关键字参数，Python 中的关键字参数允许传入零个或多个包含参数名的参数，以"参数名＝参数值"的形式传入，这些关键字参数在函数内部会自动组成字典数据，因此它可以用于创建字典。具体用法如下所示。

```
# 使用大括号方式构建字典
dict1={'Mingming':98,'Meimei':99,'Lanlan':100,'Congcong':95}
print(dict1)
```

```
# 使用关键字参数构建字典
dict2=dict(Mingming=98,Meimei=99,Lanlan=100,Congcong=95)
print(dict2)
# 使用映射函数方式构建字典
dict3=dict(zip(['Mingming','Meimei','Lanlan','Congcong'],[98,99,100,95]))
print(dict3)
```

输出结果如下。

```
{'Mingming':98,'Meimei':99,'Lanlan':100,'Congcong':95}
{'Mingming':98,'Meimei':99,'Lanlan':100,'Congcong':95}
{'Mingming':98,'Meimei':99,'Lanlan':100,'Congcong':95}
```

可见,通过 3 种方式创建的字典内容都是相同的。

4.7.2 访问字典元素

字典可以通过键,直接获取该键对应的值,也可以使用 get ()方法获得值,get ()方法的语法格式如下。

```
dictName.get(key[,default])
```

参数 key 为键,可选参数 default 表示,当 key 对应的键不存在时,返回 default 值,默认为 None。具体用法如下所示。

```
>>>dict1={'Mingming':98,'Meimei':99,'Lanlan':100,'Congcong':95}
>>>print(dict1['Mingming'])
98
>>>print(dict1.get('Mingming'))
98
```

4.7.3 字典元素的更新

（1）添加、更新字典的元素。可以使用 dictName[key]=value 的形式直接添加或者更新字典元素,如下所示。

```
>>>dict1={'Mingming':98,'Meimei':99,'Lanlan':100,'Congcong':95}
>>>dict1['Dongdong']=94   # 字典内新增 Dongdong:94
>>>print(dict1.get('Dongdong'))
94
>>>dict1['Dongdong']=90 # 字典内已有 Dongdong,这里更新 Dongdong 的值为 90
>>>print(dict1.get('Dongdong'))
90
```

（2）删除字典内的元素。可以使用 del 来删除字典内的元素。使用方法如下所示。

```
>>>dict1={'Mingming':98,'Meimei':99,'Lanlan':100,'Congcong':95}
>>>del dict1['Mingming']
>>>print(dict1)
{'Meimei':99,'Lanlan':100,'Congcong':95}
```

4.8 变量验证 type

在实际应用中，针对一个变量，变量的类型不同，能执行的操作也不同。有时我们无法判断一个变量是什么类型的，这时就需要使用 Python 提供的变量验证函数 type()来判断变量的类型，type()函数的使用方法如下所示。

```
>>>dict1={'Mingming':98,'Meimei':99,'Lanlan':100,'Congcong':95}
>>>print(type(dict1))
< class 'dict'>
>>>age=20
>>>print(type(age))
< class 'int'>
```

4.9 数据类型的转换

在 Python 中不同的数据类型，有的是可以相互转换的。例如数值型可以转换为字符串，有的字符串也能转换为数值型。Python 提供了丰富的数据类型转换函数，接下来就一起来认识这些函数。

4.9.1 int(x)函数

int(x)函数，将 x 转换为整型，x 可以是数字型的字符串，也可以是浮点数，对于浮点数会直接去除小数点后面的部分，而不会四舍五入，对于字符串，如果不是数字型的，例如里面有字母或者其他字符，则会报错。具体用法如下所示。

```
>>>print(int("256"))
256
>>>print(int(256.8))
256
>>>x=int("256.8")
Traceback(most recent call last):
  File "<stdin>",line 1,in <module>
ValueError:invalid literal for int()with base 10:'256.8'
```

4.9.2 float(x)函数

float(x)函数，将 x 转换为浮点型。x 可以是整数或者字符串，如下所示。

```
>>>print(float("184.56"))
184.56
>>>print(float(234))
234.0
```

4.9.3   str(x)函数

str(x)函数，可以将各种数据类型转换为字符串，如下所示。

```
>>>print(str(15.8374))
15.8374
>>>print(str([1,2,3,4]))
[1,2,3,4]
```

4.9.4   tuple(s)函数

tuple(s)函数，将 s 转换为元组，其中 s 为可迭代对象，如下所示。

```
>>>print(tuple("qwer"))
('q','w','e','r')
>>>print(tuple([12,4,6,47]))
(12,4,6,47)
```

4.9.5   list(s)函数

list(s)函数可以将 s 转换为列表，s 可以为元组，集合等类型，具体用法如下。

```
>>>x=(1,2,3,4,5)
>>>y={"a","b","c","d"}
>>>z={"Mingming":94,"Meimei":97,"Lanlan":96}
>>>print(list(x))
[1,2,3,4,5]
>>>print(list(y))
['c','a','d','b']
>>>print(list(z))
['Mingming','Meimei','Lanlan']
```

4.9.6　eval(str)函数

eval(str)函数中的 str 表示一个字符串，该函数将执行字符串中的表达式，并将结果返回，如下所示。

```
>>>x=15
>>>print(eval("x*4"))
60
>>>print(eval("x+5"))
20
```

4.10　控制台输入

print()函数是输出函数，用于将数据输出到屏幕上。很多时候，我们需要进行输入操作，例如要统计用户的姓名和邮箱，就需要用户进行输入，那么 Python 中输入操作是怎样实现的呢？

Python 提供了 input()函数来接收用户的输入数据。input()函数的用法如下。

```
input([prompt])
```

参数 prompt 为提示信息，为可选参数。input ()函数将输入以字符串类型返回，如下所示。

```
>>>name=input("姓名:")
姓名:Mingming
>>>print(name)
Mingming
>>>age=input("年龄:")
年龄:19
>>>print(age)
19
```

这里的 Mingming 和 19 都是用户在控制台输入的，可以看到，输入的数据值已经分别传递给 name 和 age 变量。

 邀你来挑战 《《《《《《《《《《

本章中介绍了多种数据类型，其中列表、元组、集合和字典都是序列类型，请想一想它们之间有什么相同点和不同点呢（参见表 4-2）？请尝试针对各种数据类型创建不同的变量吧。

表 4-2　各种数据类型的特点

数据类型	元素是否可变	元素是否可重复	是否有序
列表	可变	是	是
元组	不可变	是	是
集合	可变	否	否
字典	可变	否	否

《《《《《《《《《《

第 5 章　运算符

　　随着计算机技术的不断发展，计算机可以实现更多复杂的功能，例如绘图、播放视频、交互游戏、人工智能，等等。这些功能虽然强大，但也都是以基本的运算为基础的，而基础运算则依赖于运算符的使用，接下来就一起来看看 Python 中都支持哪些运算符吧。

5.1 算术运算符

Python 中的算术运算符模拟的是数学中的基本运算，例如加、减、乘、除、取余，等等。Python 中支持的算术运算符见表 5-1。

表 5-1 Python 中的算术运算符

运算符	含　义	示　例	结　果
＋	做加法	2＋5	7
－	做减法或者取负数	10.5－4	6.5
*	做乘法	2.5 * 4	10.0
/	做除法	35/2	17.5
％	取余操作，即返回除法的余数	10％3	1
**	做幂运算，即返回 x 的 y 次幂	2 ** 4	16
//	取整除（地板除），返回商的整数部分	10//3	3

在 Python 交互模式下直接输入运算按回车键即可得到运算结果，如下所示。

```
>>>10.5-4
6.5
>>>10％3
1
>>>2**4
16
>>>10//3
3
```

```
>>>5/0
Traceback(most recent call last):
  File "<stdin>",line 1,in <module>
ZeroDivisionError:division by zero
```

与数学中的运算一样，除法中的除数不能为 0，否则会报错。

 ## 5.2　赋值运算符

赋值运算符的意义在于将一个表达式的值赋给变量，例如语句："a＝5"，这里的"＝"就是赋值运算符。Python 中常用的赋值运算符见表 5-2。

表 5-2　Python 中常用的赋值运算符

运算符	含　义	示　例
＝	赋值运算符	m＝n，将 n 的值赋给 m
＋＝	加赋值运算符	m＋＝n，等价于 m＝m＋n
－＝	减赋值运算符	m－＝n，等价于 m＝m－n
＊＝	乘赋值运算符	m＊＝n，等价于 m＝m＊n
/＝	除赋值运算符	m/＝n，等价于 m＝m/n
％＝	取余赋值运算符	m％＝n，等价于 m＝m％n
＊＊＝	幂赋值运算符	m＊＊＝n，等价于 m＝m＊＊n
//＝	取整除（地板除）赋值运算符	m//＝n，等价于 m＝m//n

赋值运算符在 Python 中的运用方式如下所示。

```
>>>a=10
>>>c=a
>>>print(c)
```

```
10
>>>c+=a
>>>print(c)
20
>>>c-=a
>>>print(c)
10
>>>c *=a
>>>print(c)
100
>>>c /=a
>>>print(c)
10.0
>>>c %=4
>>>print(c)
2.0
>>>c **=4
>>>print(c)
16.0
>>>c //=10
>>>print(c)
1.0
```

5.3 比较运算符

比较运算符又叫作关系运算符，顾名思义，它对应的是数学里进行比较的运算符。例如数学运算里的大于号、小于号。使用比较运算符得到的结果是 True 或者 False（对应整型数值 1 或 0），因此比较运算符经常用于需要进行逻辑判断的地方，例如 if 语句和 while 语句的判断。Python 中的比较运算符见表 5-3。

表 5-3　**Python 中的比较运算符**

比较运算符	含　义	示　例	结　果
＝＝	等于号	4＝＝8	False
！＝	不等于	4！＝8	True
＞	大于号	10＞5	True
＜	小于号	10＜5	False
＞＝	大于等于号	200＞＝145	True
＜＝	小于等于号	200＜＝145	False

比较运算符在 Python 中的运用方式如下所示。

```
>>>x=100
>>>y=200
>>>print(x==y)
False
>>>print(x!=y)
True
>>>print(x<y)
True
>>>print(x>=y)
False
```

 ## 5.4　逻辑运算符

　　生活中，我们做逻辑判断时仅仅用比较运算符是远远不够的。例如，某公司评优秀员工，要求工作年限达到 2 年，绩效达到 3.5 以上的员工才能参选，这种情况如何进行判断呢？这就要用到逻辑运算符了。逻辑运算符针对真和假两种布尔值进行运算，返回的结果仍然是一个布尔值。Python 中的逻辑运算符见表 5-4。

表 5-4　Python 中的逻辑运算符

逻辑运算符	含　义	示　例	结　果
and	逻辑与	True and True	True
		True and False	False
		False and False	False
		False and True	False
or	逻辑或	True or True	True
		True or False	True
		False or True	True
		False or False	False
not	逻辑非	not True	False
		not False	True

　　包含"逻辑与"运算符的运算，只有当两个表达式的值都为 True 时，结果才为 True，其他情况结果都为 False；包含"逻辑或"运算符的运算，只有当两个表达式的值都是 False 时，结果才为 False，其他情况结果都为 True；包含"逻辑非"运算符的运算，运算结果与表达式的值正好相反。

Python 中可以使用 && 运算符吗?

　　在 Python 中，逻辑与使用 and 表示，逻辑或使用 or 表示，逻辑非使用 not 来表示，这与 Java 和 C 语言中的表示方法不同，Java 和 C 语言中逻辑与、逻辑非和逻辑或分别使用 &&，‖ 和 ! 来表示，已经习惯了 Java 或 C 语言的开发者使用时要多加注意，Python 中是不支持 &&、‖ 和 ! 的。

5.5 位运算符

位运算符是按照位来进行运算的，由于计算机内的数据采用二进制存储，因此位运算符是针对二进制数进行计算的。正是由于这种特性，使得位运算符计算起来要比普通的算术运算符速度更快。Python 中的位运算符见表 5-5，示例采用十进制数字 13 和 11，对应的二进制数分别为 1101 和 1011。

表 5-5 Python 中的位运算符

位运算符	含 义	示 例	结 果
&	按位与	13&11	9（二进制为 1001）
|	按位或	13 | 11	15（二进制为 1111）
^	按位异或	13^11	6（二进制为 0110）
~	按位取反	~11	—12（32 位二进制补码为 1111 1111，1111 1111，1111 1111，1111 0100）
<<	左移运算符	11<<1	22（二进制为 10110）
>>	右移运算符	11>>1	5（二进制为 0101）

位运算符都是针对整型数据进行运算的。数据在计算机中使用补码表示，即最高位为符号位，0 表示正数，1 表示负数。正数的表示方法与原码相同，负数的表示方法为反码加 1。表 5-5 中涉及的两个操作数 13 和 11，对应 32 位的二进制补码分别为：0000 0000，0000 0000，0000 0000，0000 1101 和 0000 0000，0000 0000，0000 0000，0000 1011。下面我们具体分析表中的结果是如何得到的。

（1）"按位与"操作。"按位与"操作，对操作数对应的每一位分别进行"与"操作，即只有对应位都为 1 时才得 1，否则得 0。13&11 的运算过程如图 5-1 所示。

（2）"按位或"操作。"按位或"操作，对操作数对应的每一位分别进行"或"操作，即只有对应位都为 0 时才得 0，否则得 1。13 | 11 的运算过程如图 5-2 所示。

（3）"按位异或"操作。"按位异或"操作，对操作数对应的每一位分别进行"异或"操作，即只有对应位不同时才得 1，相同时得 0。13^11 的运算过程如图 5-3 所示。

（4）"按位取反"操作。"按位取反"操作只有一个操作数，该操作对操作数对应的每一位分别进行"取反"操作，即 1 变成 0，0 变成 1。~11 的运算过程如图 5-4 所示。

```
      0000 0000,0000 0000,0000 0000,0000 1101
 &    0000 0000,0000 0000,0000 0000,0000 1011

      0000 0000,0000 0000,0000 0000,0000 1001
```

图 5-1   13 & 11 的运算过程

```
      0000 0000,0000 0000,0000 0000,0000 1101
 |    0000 0000,0000 0000,0000 0000,0000 1011

      0000 0000,0000 0000,0000 0000,0000 1111
```

图 5-2   13｜11 的运算过程

```
      0000 0000,0000 0000,0000 0000,0000 1101
 ^    0000 0000,0000 0000,0000 0000,0000 1011

      0000 0000,0000 0000,0000 0000,0000 0110
```

图 5-3   13^11 的运算过程

```
 ~    0000 0000,0000 0000,0000 0000,0000 1011

      1111 1111,1111 1111, 1111 1111, 1111 0100
```

图 5-4   ～11 的运算过程

1111 1111，1111 1111，1111 1111，1111 0100 的符号位为 1，表示是负数，那怎么知道它的数值是多少呢？我们先通过补码得到它的原码，计算方法如下：补码从后向前，找到第一个 1，将这个 1 及后面的各位保持不变，这个 1 前面的除符号位外都取反，如图 5-5 所示。1100 为 12，再加上符号位，可得～11 的结果为－12。

补码   1111 1111,1111 1111,1111 1111,1111 0100

↑
从后向前数的第一个1

原码   1000 0000,0000 0000,0000 0000,0000 1100

图 5-5   由补码求原码的运算过程

（5）"左移"操作。"左移"操作，是将第一个操作数进行左移，左移的位数为第二个操作数，符号位保持不变，左边溢出的位被丢弃，右边的位用 0 补齐。因此，左移 n 位相当于乘以 2 的 n 次方。11<<1 即等于 11 乘以 2 的一次方，因此得 22。11<<1 的运算过程如图 5-6 所示。

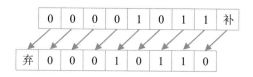

图 5-6 11<<1 的运算过程

（6）"右移"操作。与"左移"操作相反，"右移"操作是将第一个操作数进行右移，右移的位数为第二个操作数，符号位保持不变，右边溢出的位被丢弃，左边的位正数用 0 补齐，负数用 1 补齐。因此，右移 n 位相当于除以 2 的 n 次方。11>>1 即等于 11 除以 2 的一次方，因此得 5。11>>1 的运算过程如图 5-7 所示。

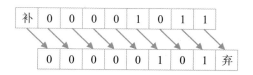

图 5-7 11>>1 的运算过程

●●●● **编程宝典** ●●●●

<< 和 >> 位运算符

使用位运算符进行"左移"和"右移"的操作相当于乘以和除以 2 的 n 次方，当进行这类运算时，使用位运算符要比使用乘法和除法运算符速度更快。但是对于其他非 2 的 n 次方的乘除法运算，由于转换麻烦，所以还是使用运算符"*"和"/"更为方便。

邀你来挑战 《《《《《《《《《

我们认识了五种运算符，当多种运算符同时出现时，应该按照什么样的顺序来计算呢？运算符的优先级见表 5-6（表中的运算符按照优秀级由高到低的顺序排列），计算时，计算机将按照优先级由高到低的顺序来计算，同等级别的运算符按照从左到右的顺序计算。那么想一想，下面的表达式 x＝18＋～a＊＊3＊−1<<1|10 计算结果是什么呢？请运行程序试试看吧。

表 5-6 Python 中运算符的优先级

运算符	含　义
＊＊	幂
～、＋、−	取反，正号，负号
＊、/、%、//	乘、除、取模、取整除
＋、−	加、减
>>、<<	右移、左移运算符
&	按位与
^	按位异或
|	按位或
<、<=、>、>=、!=、==	小于、小于等于、大于、大于等于、不等于、等于

需要注意的是，当记不清不同运算符的优先级时，直接使用括号"()"是很好的解决办法，括号可以改变运算顺序，使代码更易懂，从而避免错误，例如：x＝18＋～a＊＊3＊−1<<1|10 等价于 x＝((18＋(～(a＊＊3))＊(−1))<<1)|10。

《《《《《《《《《

第6章 逻辑语句

　　逻辑语句又叫作流程控制语句，它可以控制程序选择执行，而非按照顺序一句一句执行，从而实现逻辑方面复杂的功能。

　　Python 中的逻辑语句分为条件结构逻辑语句和循环结构逻辑语句，分别用来控制程序分支和做循环处理。

6.1 条件结构逻辑语句

条件结构逻辑语句，指的是根据条件选择执行的语句。例如超市结账时，如果选择扫码支付，则需要打开二维码，如果选择刷卡支付，则需要使用银行卡，如果选择现金支付，则需要准备足够的现金。超市结账系统里一定对应着多个条件结构逻辑语句，根据用户的选择，来执行不同的代码。在 Python 中，条件结构逻辑语句主要有 3 种形式：if 语句，if…else 语句和 if…elif…else 语句。

6.1.1 if 语句

if 语句的语法格式如下。

```
if 表达式:
    语句块
```

表达式是可以返回 True 或者 False 的逻辑表达式，也可以是一个布尔值或者整型数值或者字符串，其中整型数值非 0 表示真，字符串非空表示真。

if 语句是 Python 中最简单的流程控制语句，它的执行流程如图 6-1 所示。

在 Python 中，if 语句使用冒号和缩进来认定语句块，其中冒号很容易被初学者忽略，如果不写冒号，会报语法错误。保持同样缩进的语句是同一语句块的，如果缩进不同，会被编译器认为是不同语句块的。下面用代码进行说明。

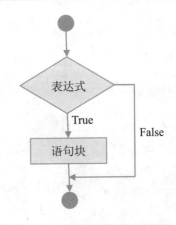

图 6-1　if 语句的执行流程

```
score=95
print("成绩为:%d" %score)
if score<60
    print("成绩小于 60")
    print("成绩不及格")
```

上述代码的 if 语句后面没有写冒号，运行后出现如下错误提示。

```
File "D:/Python_workspace/com/book/ch6/6.1.py",line 3
    if score <  60
                 ^
SyntaxError:invalid syntax
```

添加冒号后，正确的代码如下所示。输出成绩值，当成绩 score 小于 60 分时，输出"成绩小于 60"和"成绩不及格"。

```
score=95
print("成绩为:%d" %score)
if score<60:
    print("成绩小于 60")
    print("成绩不及格")
```

运行结果如下。

```
成绩为:95
```

因为成绩大于 60 分，所以只输出了成绩值，没有不及格的提示。如果如下所示更改缩进方式，则编译器认为只有这一句 print("成绩小于 60")属于 if 语句块，则会产生逻辑错误。

```
score=95
print("成绩为:%d" %score)
if score<60:
    print("成绩小于 60")
print("成绩不及格")
```

输出结果如下，成绩 95 分，但是将成绩不及格的提示也进行了输出，逻辑上显然是不对的。

```
成绩为:95
成绩不及格
```

Python 编程入门与项目应用

6.1.2 if…else 语句

举例来说，当学生成绩小于 60 分时系统提示成绩不及格，当成绩大于等于 60 分时，输出"恭喜，成绩及格！"。在 Python 中，应该怎样去实现这个功能呢？这就要用到 if…else 语句，先来看看 if…else 语句的语法格式吧。

```
if 表达式:
    语句块 1
else:
    语句块 2
```

表达式是可以返回 True 或者 False 的逻辑表达式，也可以是一个布尔值或者整型数值或者字符串，其中整型数值非 0 表示真，字符串非空表示真。if…else 语句中有两个语句块，当表达式为 True 时，执行语句块 1，否则执行语句块 2，它的执行流程如图 6-2 所示。

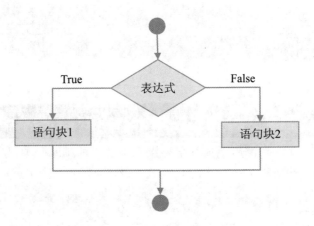

图 6-2　if…else 语句的执行流程

【例】根据成绩输出不同提示。

当成绩小于 60 时，输出成绩不及格的提示，否则输出考试成绩通过的提示，具体代码如下所示。

```
score=95
print("成绩为:%d" %score)
if score<60:
    print("成绩小于 60")
    print("成绩不及格")
```

```
else:
    print("恭喜,本门考试通过!")
```

输出结果如下所示。

```
成绩为:95
恭喜,本门考试通过!
```

6.1.3　if…elif…else 语句

现在要将学生成绩分为优秀（score>=90）、良好（90>score>=80）、及格（80>score>=60）和不及格（score<60），并且根据学生的成绩，进行不同的输出。之前的 if 语句和 if…else 语句显然满足不了需求，那 Python 能不能实现此功能呢？答案当然是肯定的，这就要用到 if…elif…else 语句了，它的语法格式如下。

```
if 表达式 1:
    语句块 1
elif 表达式 2:
    语句块 2
elif 表达式 3:
    语句块 3
…
else:
    语句块 n
```

elif 是 else if 的简写。if…elif…else 语句中有多个表达式，每个表达式都是可以返回 True 或者 False 的逻辑表达式，也可以是一个布尔值或者整型数值或者字符串，其中整型数值非 0 表示真，字符串非空表示真。

if…elif…else 语句执行时，先判断表达式 1，当表达式 1 为 True 时，执行语句块 1，否则跳过语句块 1 判断表达式 2，当表达式 2 为 True 时，执行语句块 2，否则跳过语句块 2 判断表达式 3……依次进行，当所有的表达式都为 False 时，执行 else 的语句块 n。它的执行流程如图 6-3 所示。

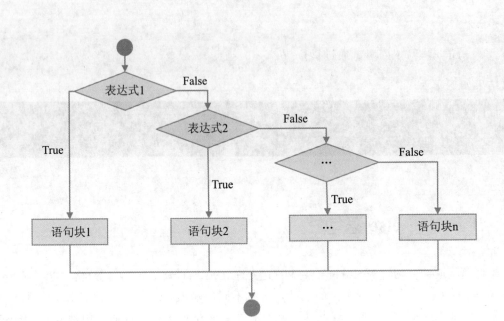

图 6-3　if…elif…else 语句的执行流程

【例】用程序实现将成绩进行多重分类的新功能，具体代码如下所示。

```python
score=85
print("成绩为:%d" %score)
if score>=90:
    print("恭喜,成绩优秀!")
elif score>=80:
    print("恭喜,成绩良好!")
elif score>=60:
    print("恭喜,本门考试通过!")
else:
    print("成绩小于 60")
    print("成绩不及格")
```

输出结果如下所示。

```
成绩为:85
恭喜,成绩良好!
```

else 和 elif 可以独立使用吗？

else 和 elif 都必须与 if 语句联合使用，不能独立使用，否则会报错。这从语义上也很好理解，else 表示的是否则的意思，没有前面如果的假设，怎么能直接使用否则呢？

6.1.4　if 嵌套

实际应用中的逻辑往往是很复杂的，因此虽然有 if，if…else，if…elif…else 语句，但也很难满足更加复杂的需求，所以 Python 允许 if 嵌套。所谓 if 嵌套，即允许在 if、else、elif 的语句块中嵌套使用 if 语句。

【例】输出学生信息的同时，输出学生是否能参加三好学生的评选。

如果学生成绩达到良好，并且体育成绩达标，则有资格参加三好学生的评选。这个需求需要用到 if 嵌套，具体代码如下所示。

```python
score=85
sports="达标"
print("成绩为:%d" %score)
if score>=90:
    print("恭喜,成绩优秀!")
    if sports=="达标":
        print("有资格参加三好学生的评选!")
elif score>=80:
    print("恭喜,成绩良好!")
    if sports=="达标":
        print("有资格参加三好学生的评选!")
elif score>=60:
    print("恭喜,本门考试通过!")
else:
    print("成绩小于60")
    print("成绩不及格")
```

输出结果如下所示。

```
成绩为:85
恭喜,成绩良好!
有资格参加三好学生的评选!
```

6.2　随机数模块 random

Python 中包含了随机数模块 random，这个模块可以生成各种分布的伪随机数。之所以叫作伪随机数，是因为它不是真正的随机，而是通过计算机模拟，达到看起来随机的效果。使用随机数模块的函数，需要先引入 random 模块，然后调用 random 模块提供的方法。

引入 random 模块，语法格式如下。

```
import random
```

接下来介绍几个常用的 random 模块的方法。

（1）random()方法。该方法返回 [0，1) 区间内随机生成的实数。注意，区间表示法中，中括号表示包含，圆括号表示不包含，因此 random()方法的区间包含 0，不包含 1。它的语法格式如下。

```
random. random()
```

（2）uniform(a,b)方法。该方法可以指定范围 [a，b] 或者 [b，a]（两个参数大的是上限，小的是下限），生成一个范围内的随机浮点数。它的语法格式如下。

```
random. uniform(a,b)
```

（3）randint(a,b)方法。该方法可以指定范围 [a，b]，生成一个范围内的随机整数。它的语法格式如下。

```
random. randint(a,b)
```

（4）randrange(start,stop[,step])方法。该方法可以从 start，stop，step 指定的一系列数中获取一个随机数。start 为起始数，step 为相邻两数的间隔，可缺省，默认值为 1，stop 为结束值，注意，该方法指定的系列数中包含 start，但不包含 stop。例如，random. randrange(1，50，3)，表示从 [1，4，7，10…46，49] 里随机取出一个数。它的语法格式如下。

random.randrange(start,stop[,step])

（5）choice(sequence)方法。该方法从序列中获取一个随机元素。它的语法格式如下。

random.choice(sequence)

参数 sequence 是一个序列，它可以是任意序列，例如一个字符串，一个列表，一个元组，等等。以上各方法的使用方式如下所示。

```
>>>import random
>>>print(random.random())   # 生成一个[0,1)的随机实数
0.2940552189328993
>>>print(random.uniform(1,10))   # 生成一个[1,10]的随机实数
5.057303776287175
>>>print(random.randint(1,10))   # 生成一个[1,10]的随机整数
3
>>>print(random.randrange(0,20,2))   # 从[0,18]中随机生成一个偶数
0
>>>print(random.choice([1,2,3,4,5,6,7,8,9]))   # 从[1,9]中随机生成一个整数
2
>>>print(random.choice("Python"))   # 从"Python"中随机生成一个字符
t
```

random 模块的用途也很广泛，例如，一些网站中的抽奖环节，以及彩票站点设置的机选号码投注，这些应用场景都可以使用随机数模块实现。

6.3　循环结构逻辑语句

日常生活中有很多需要反复做的事情，例如：输出学生信息，需要一个一个输出；统计员工的工资，也需要一个一个统计。这些事情，虽然每一项具体内容有所不同，但操作流程都是相同的：针对学生，虽然每个人姓名不同，但需要输出的项是相同的，都是姓名、年龄、家庭住址等；针对员工，虽然每个人工资具体数目不同，但都是计算基本工资加绩效。我们把类似这种反复操作叫作循环。Python 中提供了循环结构逻辑语句，来实现这种反复操作。

6.3.1　while 循环

while 循环是条件循环，当条件为 True 时，反复执行循环体，直到条件变为 False 为止。它的语法格式如下。

```
while 表达式：
    循环体
```

像 if 语句一样，while 语句也是通过冒号和缩进来认定循环体。表达式是可以返回 True 或者 False 的逻辑表达式，也可以是一个布尔值或者整型数值或者字符串，其中整型数值非 0 表示真，字符串非空表示真。while 循环的执行流程如图 6-4 所示。

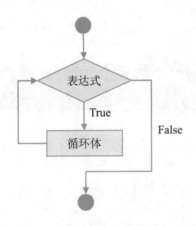

图 6-4　while 循环语句的执行流程

while 语句可以帮助我们省去很多重复的工作，现在试着用 while 语句来输出 1～50 内的偶数吧。参考代码如下。

```
n=2
while n<=50:
    print("%d" %n)
    n+=2
```

输出结果如下。

```
2 4 6 8 10 12 14 16 18 20 22 24 26 28 30 32 34 36 38 40 42 44 46 48 50
```

在写循环语句时，一定记得添加改变 while 条件表达式的程序语句，如这里的 n+=2，如果不写这条语句，n 的值一直没有发生改变，表达式的结果永远为 True，程序将进行无限循环（即死循环），无法正常终止。

循环不仅可以帮我们做重复工作，还能帮助我们进行筛选，穷举算法中就经常用到循环语句。所谓穷举算法，就是将所有可能的结果一一列出来，再进行排除，从而得到正确的答案。例如，我们现在想要输出 1～100 之间 2 和 3 的公倍数，使用穷举法，就是将 1～100 之间的每一个数，对 2 和 3 分别取余，结果都为 0，则输出。参考代码如下。

```
n=1
while n<=100:
    if n%2==0 and n%3==0:
        print(n,end=' ')
    n+=1
```

输出结果如下。

```
6 12 18 24 30 36 42 48 54 60 66 72 78 84 90 96
```

6.3.2 for 循环

Python 中的 for 循序语句主要用于对序列进行迭代，例如列表或者字符串。它的语法格式如下。

```
for item in iterable:
    循环体
```

像 if 语句一样，for 语句也是通过冒号和缩进来认定循环体。其中 iterable 为可迭代对象，item 为可迭代对象中取出的元素，循环体为重复执行的语句。for 循环语句的执行流程如图 6-5 所示。

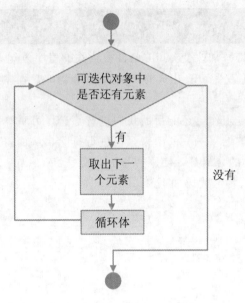

图 6-5　for 循环语句的执行流程

现在试着使用 for 语句来迭代列表和字符串吧。参考代码如下所示。

```python
listNum=[1,2,3,4,5,6,7,8,9,10]
strName="Mingming"
for num in listNum:
    print(num,end=' ')
print()
for name in strName:
    print(name,end=' ')
```

以上代码输出结果如下。

```
1 2 3 4 5 6 7 8 9 10
M i n g m i n g
```

•••●　**编程宝典**　●•••

Python 中的 for 循环与其他语言中的不同

使用过 Java 或 C 语言的你可能会对 Python 中的 for 循环不太习惯，Python 中的 for 循环主要用来进行迭代，如果想实现类似 Java 或 C 语言中的 for 循环，可以配合 range()函数使用，range()函数主要用来生成一个可迭代对象，使用 range()函数生成数列可以方便地控制数列的起止和步长。

6.3.3　循环嵌套

Python 支持 if 语句的嵌套，同时也支持 while 和 for 循环语句的嵌套。例如对二维数组的迭代，就需要使用 for 循环的嵌套，代码如下所示。

```
listArray=[[12,34,14],
          [39,83,25],
          [46,13,8]]
for list1 in listArray:
    for num in list1:
        print(num,end=' ')
    print()
```

输出结果如下所示。

```
12 34 14
39 83 25
46 13 8
```

while 循环也可以进行嵌套，例如，想要使用程序来输出 1～100 以内的质数，可以使用两层 while 循环实现。实现代码如下。

```
n=2  # 定义变量 n
while n<=100:  #  当 n 小于等于 100 时循环执行
    j=2  # j 表示因数
    flag=0  # flag 值为 0 时,表示 n 没有除 1 和本身外的其他因数,flag 值为 1 时,表示 n
有除 1 和本身外的其他因数,设置 flag 的初始值为 0
```

```
while j<n:   #  当 j 小于 n 时循环执行
    if n % j==0:   #  如果 n 能被 j 整除
        flag=1   #  设置 flag 的值为 1
    j+=1   #  通过设置 j+=1 控制循环条件
if flag==0:   #  如果 flag 值为 0
    print(n,end=' ')   #  打印输出 n 的值
n+=1   #  通过设置 n+=1 控制循环条件
```

输出结果如下所示。

```
2 3 5 7 11 13 17 19 23 29 31 37 41 43 47 53 59 61 67 71 73 79 83 89 97
```

while 和 for 循环也可以互相嵌套，并且都可以进行多层嵌套。

6.3.4　循环终止

在实际应用中，我们有时需要在循环语句执行过程中跳出来以终止循环。例如：我们想要打电话预约挂号，但是对方线路忙，无法接通，于是我们循环一分钟打一次电话，直到对方接通电话了，就跳出循环不再继续拨打，这种场景就需要在循环中终止。

Python 中使用 break 语句来跳出循环体，break 语句可以用于 while 语句和 for 循环语句。一般 break 语句要配合 if 语句一起使用，来实现当满足某种条件时，跳出循环体。具体使用形式如下所示。

```
while/for…:
    语句块 1
    if 条件表达式:
        break
    语句块 2
```

语句块 1，if 语句和语句块 2 共同构成循环体。执行 break 语句后，语句块 2 不再执行，直接跳出循环，执行 while/for 后面的语句。

6.3.3 介绍了循环嵌套，它帮助我们解决了查找质数的问题。仔细看看查找质数的代码，是不是可以再优化一下呢？那么如何进行优化呢？

例子中的 n 对［2，n）区间内的所有整数都做了取余操作，如果 n 有因数，那么 n 的因数一定有一个是在［2，sqrt(n)］(sqrt(n)表示 n 的平方根) 区间的，而且，一旦找到 n 其中的一个因数，就能判断 n 不是质数，就没有必要再对后面的数进行取余操作了，因此可以使用 break 语句跳出循环。下面是优化后的查找 100 以内质数的代码。

```
import math   # 引入 math 模块
n=2   # 设置变量 n 的值为 2
while n<=100：  # 当 n 小于等于 100 时循环执行
    i=math.sqrt(n)   # 设置变量 i 的值为 n 的平方根
    j=2  # j 表示因数
    while j<=i：  # 当 j 小于等于 i 时循环执行
        if n % j==0：  # 如果 n 能被 j 整除
            break   # 跳出内循环
        j+=1   # 通过设置 j+=1 控制循环条件
    if j>i：  # 如果 j 大于 i
        print(n,end=' ')   # 打印输出 n 的值
    n+=1   # 通过设置 n+=1 控制循环条件
```

输出结果如下所示。

```
2 3 5 7 11 13 17 19 23 29 31 37 41 43 47 53 59 61 67 71 73 79 83 89 97
```

上例中引入了数学模块，使用了数学模块的 sqrt(n) 方法，该方法返回 n 的平方根。在 while 循环中，判断 n 是否能被 j 整除，如果能被整除，说明 n 不是质数，就不需要再对 j 后面的整数进行整除判断了，因此跳出循环。需要注意的是，这里使用了循环嵌套，用了两个 while 语句，当使用 break 语句时，只能跳出内层循环。

在 Python 中，除了 break 语句，还有一种语句也可以控制循环的执行流程，那就是 continue 语句。与 break 不同的是，continue 语句并不是直接跳出循环，而是跳过 continue 后面的语句块，进行循环的下一次迭代。

6.3.5　循环语句结合 else

Python 中的语法规则允许 while/for 循环语句结合 else 使用，当循环正常结束后会执行 else 的内容，语法格式如下。

```
while/for…:
    循环体
else:
    语句块
```

下面通过程序来看看 while 语句结合 else 语句的使用方法。

```
n=1
while n<=10:
    print(n,end=' ')
    n+=1
else:
    print()
    print("程序输出了 1-10。")
```

这里的代码实现了输出 1～10，输出结果如下，可以看到 while 循环正常结束后，执行了 else 的语句块。

```
1 2 3 4 5 6 7 8 9 10
程序输出了 1-10。
```

同样的功能我们使用 for 循环来实现，代码如下。

```
for i in range(1,11):
    print(i,end=' ')
else:
    print()
    print("程序输出了 1-10。")
```

这里使用了 range(start，end，step) 函数，range()函数是 python 内置的函数，可以生成一系列连续的整数，start 默认为 0，step 默认为 1，所以 range(1，11) 生成 1～10 之间（含）的整数。输出结果如下。

```
1 2 3 4 5 6 7 8 9 10
程序输出了 1-10。
```

需要注意的是，当语句中有 break 语句，循环没有正常结束时，else 的语句块不执行。如下所示。

```
for i in range(1,11):
    if i==6:
        break
    print(i,end=' ')
else:
    print()
    print("程序输出了 1-10。")
```

输出结果如下。

```
1 2 3 4 5
```

邀你来挑战 《《《《《《《《《《《

　　某部门在准备下午茶，需要买一些蛋挞和蛋糕，蛋挞 5 元一块，蛋糕 30 元一个，蛋挞和蛋糕一共 50 件，花了 500 元钱，现在用程序计算一下，蛋挞和蛋糕各买了多少吧？参考代码如下所示。

```
m=0
while m <=50:
    n=50-m
    if 5*m+30*n==500:
        break
    m+=1
print("蛋挞买了:%d块" % m)
print("蛋糕买了:%d个" % n)
```

《《《《《《《《《《《

第 7 章 函数

写程序的过程中,经常需要重复使用相同的功能,那是不是每次都要写重复的一段代码呢?这样既不方便,也不利于后期维护,因此编程语言中提供了函数功能。函数就是一段具有完整功能的代码块,当需要使用这段代码时,调用函数即可。函数的使用,精简了程序,减少了出错的概率。Python 中内置了很多功能强大的函数,这些函数能完成特定的功能以方便用户直接调用。用户也可以自己创建函数,这种由用户自己创建的函数叫作用户自定义函数。

7.1　普通函数

7.1.1　定义函数

Python 中有内置函数，也支持用户自定义函数（即用户自己创建的函数），定义函数的语法格式如下所示。

```
def function_name([parameterlist]):
    [statements]
```

function_name 为函数名称，函数调用时使用。parameterlist 为参数列表，可以有多个参数，各参数间用逗号隔开，参数也可以为空，为空时表示无参函数。参数为空时也需要保留圆括号，否则程序报错。statements 为函数体，可以为空语句（pass）或者多条语句，Python 通过冒号和缩进来确定函数体，如果有返回值可以使用 return 语句，如果没有指定 return 语句，默认返回 None。

下面我们定义一个函数，该函数用于打印两个字符串，如下所示。

```
def print_hello():
    print("Hello,function!")
    print("Hello,Python!")
```

运行上述代码将不显示任何内容，因为 print_hello()函数并未被调用。

7.1.2　调用函数

调用函数，即使用函数，也就是执行函数的函数体。调用函数的语法格式如下。

```
function_name([values])
```

function_name 为函数名，values 为可选参数，指传递的参数值，多个参数值之间使用逗号","分隔开，如果是无参函数，则直接写一对小括号即可。

调用 print_hello() 函数的代码如下所示。

```
print_hello()
```

运行结果如下所示。

```
Hello,function!
Hello,Python!
```

【例】定义一个函数，函数功能为打印两个值中的较大值，具体代码如下。

```
def max(a,b):  # 定义 max()函数
    if a>b:  # 如果 a 大于 b
        print("较大值为 a:%d" %a)  # 打印输出
    else:
        print("较大值为 b:%d" %b)  # 打印输出
a=10  # 给变量 a 赋值 10
b=20  # 给变量 b 赋值 20
max(a,b)  # 调用 max()函数
```

运行结果如下所示。

```
较大值为 b:20
```

7.1.3 函数参数

函数定义时，写在函数名称后面圆括号中的就是函数的参数，参数的作用是在主程序和调用的函数之间传递数值。

1. 实参和形参

实参即实际参数，指调用函数时传递的参数。形参即形式参数，指函数定义时函数名后面括号中的参数。我们以 max(a,b) 函数为例来进行说明，如图 7-1 所示。

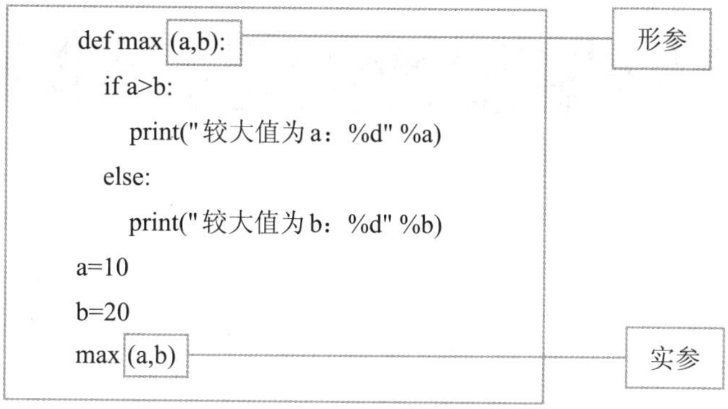

```
def max (a,b):
    if a>b:
        print("较大值为 a：%d" %a)
    else:
        print("较大值为 b：%d" %b)
a=10
b=20
max (a,b)
```
形参

实参

图 7-1　实参与形参

实参就是实际传入时的参数，而形参就是形式上的参数，之所以称为形式上的参数，是因为定义函数时还没有实际传入值。

2. 位置参数

位置参数即必备参数，调用函数时，对于位置参数，实参的数量和位置必须与对应的形参一致，否则会产生编译错误或者逻辑错误。

运行以下代码。

```
# max()函数的定义代码参考本章 7.1.2,此处不做赘述
a=10   # 给变量 a 赋值 10
b=20   # 给变量 b 赋值 20
max(a)   # 调用 max()函数
```

代码中 max()函数本来需要两个参数，但我们调用时，只传入一个参数，因此运行时程序报错，错误结果如下所示，错误提示为：max()函数调用时缺少参数"b"。

```
Traceback(most recent call last):
  File "D:\Python_workspace\com\book\ch7\7.1.1.py",line 10,in <module>
    max(a)
TypeError:max()missing 1 required positional argument:'b'
```

再运行以下代码。

```
# max()函数的定义代码参考本章 7.1.2,此处不做赘述
a=10   # 给变量 a 赋值 10
b=20   # 给变量 b 赋值 20
max(b,a)   # 调用 max()函数
```

输出结果如下所示。

```
较大值为 a:20
```

这里 max()函数的形参的位置顺序为 a、b，但我们调用时，却传入了 b、a，实参的位置顺序与形参不一致，因此程序输出结果产生逻辑错误。

3. 默认参数

在定义函数时，可以给一些参数设置默认值，这类参数即为可选参数。这样当进行函数调用时，可以不传该参数对应的实参，而直接使用其默认值，这使得函数调用时更灵活。

【例】打印公司员工的姓名。

某公司有中国员工也有外国员工，在打印外国员工姓名时我们需要将外国员工名字的名和姓的首字母大写，其余字母小写，而中国员工的姓名无需处理，直接打印即可。

针对该需求我们定义一个函数 print_name()，该函数包含两个参数 name 和 foreigner，其中 foreigner 设置为可选参数，默认值为 False。

```python
def print_name(name,foreigner=False):
    if foreigner:
        name=str.title(name)
        print(name)
    else:
        print(name)


print_name("王明")
print_name("李雪",False)
print_name("john wilson",True)
```

输出结果如下所示。

```
王明
李雪
John Wilson
```

从程序和输出结果可以看出，当不指定 foreigner 的值时，程序会使用其默认值 False，当指定 foreigner 的值时，程序将按照指定的值来运行。

由于该公司的员工中中国员工更多，因此将 foreigner 设置为可选参数，默认值为 False，可以简化代码，调用起来更灵活。

4. 关键字参数

关键字参数是指在函数调用时以"参数名＝参数值"的形式传递参数。使用时需要注意以下

3 点。

（1）关键字参数必须在位置参数后面。

（2）关键字参数可以和位置参数混用。

（3）关键字参数之间可以按照任意顺序排列，因为 Python 的解释器在解析关键字参数时，不是按照顺序，而是按照参数名来匹配参数值。

【例】定义一个函数 staff_info()，函数功能为打印员工姓名、年龄和工资。具体代码如下。

```
def staff_info(name,age,salary):
    print("员工姓名:",name)
    print("员工年龄:",age)
    print("员工工资:",salary)


staff_info("张雨",age=25,salary=8000)
staff_info("李雪",salary=6800,age=25)
```

输出结果如下所示。

```
员工姓名:张雨
员工年龄:25
员工工资:8000
员工姓名:李雪
员工年龄:25
员工工资:6800
```

这里使用的是关键字参数与位置参数混用的情况，关键字参数放在位置参数的后面，而且关键字参数的顺序调整了也不影响结果。如果把关键字参数放在位置参数前面，会发生什么情况呢？试着运行以下代码。

```
staff_info(age=25,"李雪",salary=6800)
```

输出结果如下所示。

```
File "D:/Python_workspace/com/book/ch7/7.1.3.py",line 7
  staff_info(age=25,"李雪",salary=6800)
              ^
SyntaxError:positional argument follows keyword argument
```

程序运行时报错，错误提示为：位置参数在关键字参数的后面。因此，当位置参数与关键字参数混用时，位置参数必须在关键字参数的前面。

5. 可变参数

在 Python 中还可以定义可变参数。可变参数，即实参数量可以变化的参数，调用函数时可以传递任意数量的实参。

可变参数在定义时前面需要加上星号"＊"，具体的语法格式如下。

```
def functionname([parameterlist,] *args):
    [statements]
```

＊args 就是可变参数，调用含可变参数的函数时，首先将位置参数与实际参数一一对应，然后 ＊args 接收其余的所有实参，并将所有实参放在一个元组中。

【例】定义一个包含可变参数的函数，函数功能为打印去过的所有城市，具体代码如下所示。

```
def print_cities(*cityname):
    print("我去过的城市有:")
    for city in cityname:
        print(city)


print_cities("北京","上海","广州","深圳")
```

输出结果如下所示。

```
我去过的城市有:
北京
上海
广州
深圳
```

通过程序可以看到，在函数体中处理可变参数时，可以将可变参数直接当成一个元组类型的数据进行处理。

如果想要将列表变量的值传递给可变参数，可以在列表变量前加上星号"＊"，代码如下所示。

```
citylist=["杭州","苏州","成都","西安"]
print_cities(*citylist)
```

输出结果如下所示。

```
我去过的城市有:
杭州
苏州
成都
西安
```

可变参数还有一种形式,即在可变参数前加两个星号"**",这种可变参数接收"参数名=参数值"形式的实参,并将这些实参放到一个字典中,在函数体内使用这种可变参数时,把它当作字典类型的数据即可。使用方法如下例所示。

```
def staff_info(**attributes):
    print("员工信息如下:")
    for key,value in attributes.items():
        print(key+":"+value)


staff_info(姓名="李明",性别="男",年龄="28")
```

输出结果如下所示。

```
员工信息如下:
姓名:李明
性别:男
年龄:28
```

也可以直接将已定义的字典变量作为实参,只要在变量前加两个星号"**"即可。代码如下所示。

```
staffdict={'姓名':'王欣','性别':'女','年龄':'26'}
staff_info(**staffdict)
```

输出结果如下所示。

```
员工信息如下:
姓名:王欣
性别:女
年龄:26
```

6. 组合参数

组合参数是指位置参数、默认参数、关键字参数和可变参数组合使用。这 4 种参数使用时需要严格遵照以下顺序：位置参数、默认参数、可变参数和关键字参数。

下面是使用组合参数的代码实例。

```python
def print_args(args1,args2=0,*args,**kwargs):
    print("args1={0},args2={1},args={2},kwargs={3}".format(args1,args2,
args,kwargs))
print_args(100)
print_args(100,200)
print_args(100,200,'str1','str2','str3',400)
print_args(100,200,'str1','str2','str3',400,kwargs1='50',kwargs2=40)
```

输出结果如下所示。

```
args1=100,args2=0,args=(),kwargs={}
args1=100,args2=200,args=(),kwargs={}
args1=100,args2=200,args=('str1','str2','str3',400),kwargs={}
args1=100,args2=200,args=('str1','str2','str3',400),kwargs={'kwargs1':
'50','kwargs2':40}
```

由输出结果可知，Python 解释器会按照参数位置将实参与形参一一对应。

••••• 编程宝典 ••••

*args 和 **kwargs

如果你看过 Python 的一些源代码，可能会注意到，很多函数都使用 *args 和 **kwargs 作为参数。当使用 *args 和 **kwargs 作为参数时，就可以传递任意数量和类型的参数，是不是很神奇呢？在自定义函数中，当参数的个数不确定时，你也可以使用这种方式来传递参数。

7.1.4 参数传递

参数的类型可以分为两类：可变类型和不可变类型。

可变类型是指列表、词典等可以修改的数据类型，不可变类型是指字符串、元组、数值等数据类型。

当实际参数为不可变类型时，进行的是值传递。值传递过程中，当形参的值发生改变时，实参的值不变。

　　当实际参数为可变类型时，进行的是引用传递。引用传递过程中，当形参的值发生改变时，实参的值也会发生改变。

　　下面使用代码举例说明。

```
def add(obj):
    obj+=obj
    print("形参 obj:",obj)


print("实参 obj 为不可变类型:")
obj=10
print("调用前实参 obj:",obj)
add(obj)
print("调用后实参 obj:",obj)

print("\n 实参 obj 为可变类型:")
obj=[1,2,3,4,5]
print("调用前实参 obj:",obj)
add(obj)
print("调用后实参 obj:",obj)
```

　　输出结果如下所示。

```
实参 obj 为不可变类型:
调用前实参 obj:10
形参 obj:20
调用后实参 obj:10

实参 obj 为可变类型:
调用前实参 obj:[1,2,3,4,5]
形参 obj:[1,2,3,4,5,1,2,3,4,5]
调用后实参 obj:[1,2,3,4,5,1,2,3,4,5]
```

　　由输出结果可见，当实际参数的类型是数值型（不可变类型）时，形参的值发生变化不会影响实参值，输出的形参值与实参值不同；当实际参数的类型是列表类型（可变类型）时，形参的值发生变化以后，实参的值也跟着发生变化，输出的实参值与形参值相同。

7.1.5　函数返回值

函数返回值，即函数使用 return 语句返回的值。我们之前定义的函数都没有返回值，但有时我们也需要获得函数的执行结果，并使用这个结果。例如，我们定义一个最大值函数 max()，函数功能为计算两个数的最大值，并将其返回。我们先利用函数求得两个数的最大值并用 maxValue 变量来保存最大值，然后再次调用 max() 函数，求得 maxValue 和第三个数中的最大值，最后输出三个数中的最大值。程序代码如下所示。

```
def max(a,b):
    if a>b:
        return a
    else:
        return b
a=45
b=34
c=70
maxValue=max(a,b)
maxValue=max(c,maxValue)
print("三个数中的最大值为:",maxValue)
```

输出结果如下所示。

```
三个数中的最大值为:70
```

7.1.6　函数嵌套

函数嵌套是指在一个函数中可以定义另一个函数。

【例】在函数 f1() 的内部定义另一个函数 f2()，具体代码如下所示。

```
def f1():
    def f2():
        print("内部函数 f2")
        f3()
```

```
    print("外部函数 f1")
    f2()


def f3():
    print("外部函数 f3")


f1()
```

输出结果如下所示。

```
外部函数 f1
内部函数 f2
外部函数 f3
```

在函数 f1()中可以调用执行函数 f2()，在内部函数 f2()中，也可以调用外部函数 f3()。但是在主程序中，不能直接调用内部函数 f2()，这是由于 f2()的作用范围只在 f1()函数中，如果在主程序中调用 f2()程序会报错。

7.1.7　说明文档

在创建函数时，可以为函数添加说明文档，即在函数首行使用三引号添加注释，注释的内容一般为函数的功能和参数的意义。为函数添加注释后，在调用函数时，可以显示帮助信息，如图 7-2 所示。

```
*IDLE Shell 3.8.9*                              [_][□][×]
File  Edit  Shell  Debug  Options  Window  Help
Python 3.8.9 (tags/v3.8.9:a743f81, Apr  6 2021, 13:22:56) [MSC v.1928 32 bit (In
tel)] on win32
Type "help", "copyright", "credits" or "license()" for more information.
>>> def print_words(str):
        '''打印str'''
        print(str)


>>> print_words(
            (str)
            打印str

                                                      Ln: 8  Col: 16
```

图 7-2　IDLE 中调用函数时显示帮助信息

在 Python 中可以通过 help () 函数来调用说明文档，使用方式如下所示。

```
def print_words(str):
    '''打印 str'''
    print(str)


help(print_words)
```

控制台输出结果如下所示。

```
Help on function print_words in module __main__:

print_words(str)
    打印 str
```

7.2 变量作用域

变量作用域是指一个变量能够起作用、被访问的范围。在 Python 中，一个变量的作用域取决于变量被赋值时的位置，根据变量的作用域可以将变量分为局部变量和全局变量。下面分别介绍这两种变量。

7.2.1 局部变量

局部变量是指在函数内部定义并使用的变量，它只能在函数内部使用，如果在函数外部使用，程序就会报错，如下所示。

```
def func_a():
    a="Hello Python"
    print("函数体内访问 a:",a)
```

```
func_a()
print("函数体外访问 a:",a)
```

控制台输出结果如下所示。

```
函数体内访问 a:Hello Python
Traceback(most recent call last):
  File "D:/Python_workspace/com/book/ch7/7.2.1.py",line 6,in <module>
    print("函数体外访问 a:",a)
NameError:name 'a' is not defined
```

这里变量 a 在函数中被赋值，是作用域为函数的局部变量，所以在函数外部调用时报错，报错内容为："a" 没有定义。需要注意的是，函数的参数也是局部变量。

7.2.2 全局变量

全局变量是指在函数体外被定义的变量，它不仅能够作用于函数体外，而且在函数内部也能使用，如下所示。

```
def fx():
    print("函数体内访问全局变量 x:",x)

x=100
print("调用函数前的全局变量 x:",x)
fx()
print("调用函数后的全局变量 x:",x)
```

输出结果如下所示。

```
调用函数前的全局变量 x:100
函数体内访问全局变量 x:100
调用函数后的全局变量 x:100
```

由此可知，在函数内可以直接使用全局变量。

如果全局变量与局部变量重名时，程序会如何执行呢？请看下面的示例。

```
def fx():
    x=200
    print("函数体内 x:",x)


x=100
print("调用函数前的全局变量 x:",x)
fx()
print("调用函数后的全局变量 x:",x)
```

输出结果如下所示。

```
调用函数前的全局变量 x:100
函数体内 x:200
调用函数后的全局变量 x:100
```

由此可见，当局部变量与全局变量名字相同时，在函数内部将使用局部变量，对局部变量的更改不影响全局变量。

那么能否在函数内部更改全局变量的值呢？答案是肯定的，我们需要在定义局部变量时，添加 global 关键字，如下所示。

```
def fx():
    global x
    x=200
    print("函数体内 x:",x)


x=100
print("调用函数前的全局变量 x:",x)
fx()
print("调用函数后的全局变量 x:",x)
```

输出结果如下所示。

```
调用函数前的全局变量 x:100
函数体内 x:200
调用函数后的全局变量 x:200
```

从输出结果可以看出，使用了 global 关键字后，在函数内部可以更改全局变量的值。

值得注意的是，虽然在函数内部可以定义与全局变量同名的局部变量，但是在实际开发过程中，尽量使用不同的变量名，以免引起代码混乱，产生逻辑错误。

7.3 匿名函数

　　匿名函数，即没有名字的函数。匿名函数一般只使用一次，它不使用 def 的语法格式去定义，而是使用 lambda 表达式来创建。

　　lambda 是一个表达式，而不是代码块，因此只能封装有限的逻辑，在 lambda 表达式中，只能访问自己的参数，而不能访问其他变量或全局变量。

　　其语法格式如下。

```
result=lambda[arg1[,arg2,…,argn]]:expression
```

　　result 是 lambda 表达式返回的函数对象，用于调用 lambda 表达式，arg1，…，argn 为可选参数，是表达式的参数列表，各个参数之间使用逗号 "," 分割，expression 为表达式，用于实现函数的功能。

　　【例】定义一个计算长方形周长的函数，常规代码如下所示。

```
def rec_len(a,b):
    rlen=2*(a+b)
    return rlen


a=10
b=5
print("长方形周长为:",rec_len(a,b))
```

　　输出结果如下所示。

```
长方形周长为:30
```

　　现在使用 lambda 表达式来实现，代码如下所示。

```
a=10
b=5
result=lambda a,b:2*(a+b)
print("长方形周长为:",result(a,b))
```

输出结果如下所示。

```
长方形周长为:30
```

可见，使用 lambda 表达式可以使程序代码更简洁。

拨 开 迷 雾

lambda 表达式使用得越多越好吗?

lambda 表达式虽然可以让代码变得更简洁，但是并不是使用得越多越好，对于一些重要的功能建议封装在普通函数中，这是因为匿名函数是没有名字的，因此，它无法出现在说明文档中。另外，对于一些复杂的逻辑如果使用 lambda 表达式来计算可能会不利于阅读。

7.4 生成器函数

如果一个函数的函数体内包含 yield 语句，那么这个函数就是生成器函数。调用生成器函数将返回一个生成器对象。生成器对象是一个可迭代对象，使用 next()函数可以获得生成器对象生成的下一个值。

生成器函数的使用方法如下所示。

```python
def generate_num():
    for i in range(10):
        yield i  # yield语句将暂停函数执行,返回 yield 的值


g=generate_num()
print(next(g))
print(next(g))
```

输出结果如下所示。

```
0
1
```

当生成器函数被调用时，遇到 yield 语句，函数将暂停执行，返回 yield 语句的值，由此可见，生成器对象是延迟计算的，每次使用 next () 函数，都将返回下一个 yield 语句的值。

7.5　装饰器

小朋友玩过家家游戏时，经常会给布娃娃进行各种装饰：穿上漂亮的衣服，戴上亮晶晶的首饰，穿上精美的鞋子，等等。

在 Python 中，函数也可以进行装饰，那如何给函数进行装饰呢？在学习装饰器之前，我们先来学习几个基本概念。

7.5.1　函数可以作返回值

本章 7.1.5 的示例中函数的返回值为基本数据类型，那么函数的返回值能否是函数类型呢？
我们先运行下面这个例子。

```
def func_a():
    def func_b():
        print("func_b")

    return func_b()


a=func_a()
print("a 的值为：",a)
```

运行结果如下所示。

```
func_b
a 的值为:None
```

这里 a 的值为 func_a()函数的返回值,而 func_a()函数中,调用 func_b()函数,并返回 func_b()函数的返回值。由于 func_b()函数本身并没有返回值,因此程序输出结果中,打印了 func_b()函数中的语句,并返回了 None 值。

把上面的例子修改一下,将 func_a()函数中的 return func_b()语句中的一对圆括号去掉,程序代码如下所示。

```
def func_a():
    def func_b():
        print("func_b")


    return func_b


a=func_a()
print("a 的值为:",a)
```

输出结果如下所示。

```
a 的值为:<function func_a.<locals>.func_b at 0x0074B778>
```

输出结果中,a 的值为 func_b 函数对象。

通过对比可知,当函数名后面带圆括号时,表示调用函数,当函数名后面不带括号时,表示函数对象,函数对象也可以作为函数的返回值。

7.5.2 函数也可以作参数

函数不仅可以作返回值,还可以作参数,如下所示。

```
def func_b():
    print("func_b")


# func_a 的参数 func 是一个函数
def func_a(func):
    print("func_a")
```

```
    func()

    # 将 func_b 函数作为参数传递给 func_a 函数
    func_a(func_b)
```

程序运行结果如下所示。

```
func_a
func_b
```

7.5.3 函数装饰器

定义了装饰器的函数，可以在函数执行前或执行后添加一些操作，也就是对原有函数的功能进行了扩充，这就好像我们给布娃娃加了一层层衣服。函数的装饰器其实就是另一个函数，为一个函数添加装饰器的语法规则如下所示。

```
@ decorator_name
def function_name([parameterlist]):
    [statements]
```

decorator_name 是作为装饰器的函数的名字，前面需要添加符号"@"，从 def 开始，是定义一个普通的函数。

【例】使用装饰器给布娃娃进行装饰，具体代码如下所示。

```
# decorator 作为装饰器函数给布娃娃提供装饰
def decorator(fn):
    def inner():  # 定义内部函数 inner()
        print("给布娃娃穿上裙子。")  # 打印输出
        fn()  # 调用 fn() 函数
        print("给布娃娃戴上项链。")  # 打印输出

    return inner  # 返回 inner 函数对象


@ decorator
def doll():  # 定义 doll() 函数
```

```
    print("我是布娃娃。")  #  打印输出


doll()  #  调用 doll() 函数
```

输出结果如下所示。

```
给布娃娃穿上裙子。
我是布娃娃。
给布娃娃戴上项链。
```

实际上，上面的代码示例等同于下面的代码。

```
# decorator 作为装饰器函数给布娃娃提供装饰
def decorator(fn):
    def inner():  #  定义内部函数 inner()
        print("给布娃娃穿上裙子。")  #  打印输出
        fn()  #  调用 fn() 函数
        print("给布娃娃戴上项链。")  #  打印输出

    return inner  #  返回 inner 函数对象

def doll():  #  定义 doll() 函数
    print("我是布娃娃。")  #  打印输出

doll=decorator(doll)  #  将装饰器函数对象赋值给 doll
doll()  #  调用 doll() 函数
```

由此可见，使用函数装饰器 decorator()来装饰 doll()，其实是执行了 doll＝decorator(doll)语句，即将 doll 作为参数传给 decorator()，再将 decorator()执行完的结果返回给 doll。所以，函数被装饰后，函数的功能为装饰器的功能，返回值取决于装饰器的返回值。

上面的函数没有参数，那如果是带参数的函数怎么使用装饰器呢？请看下面的例子。

```
# decorator 作为装饰器函数给布娃娃提供装饰
def decorator(fn):
    def inner(*args,**kwargs):  #  定义含参内部函数 inner()
        print("给布娃娃穿上裙子。")  #  打印输出
        fn(*args,**kwargs)  #  调用 fn() 函数
        print("给布娃娃戴上项链。")  #  打印输出

    return inner  #  返回 inner 函数对象
```

```
@ decorator
def doll(arg1,arg2):   # 定义 doll()函数,并设置装饰器
    print("我是布娃娃。我要装饰{0}和{1}。".format(arg1,arg2))   # 打印输出

doll("戒指","耳环")   # 调用 doll()函数
```

输出结果如下所示。

```
给布娃娃穿上裙子。
我是布娃娃。我要装饰戒指和耳环。
给布娃娃戴上项链。
```

在装饰器中使用 ∗ args 和 ∗∗ kwargs 作为内部嵌套函数的参数,可以匹配任意数量和类型的参数。

装饰器的用法已经介绍完了,那么装饰器都有哪些作用呢?什么时候需要装饰器呢?

装饰器可以在函数被执行前,做额外的一些操作,因此装饰器可以用于检查某个用户是否被授权进行某操作,它们被大量用于 Django web 等框架中。

邀你来挑战 <<<<<<<<<<<<

某公司准备举办一场年会,因此需要购买一些礼品和水果、零食,等等,需要统计采购费用。

试着定义一个函数,参数为可变参数,表示各项物品的费用,函数返回值为各项费用的和,调用这个函数,帮助公司计算一下年会一共花费了多少钱吧。参考代码如下所示。

```
def sum(*args):
    s=0
    for i in args:
        s+=i

    return s

print("年会一共花费了:",sum(10500,2050,3605,400,5098))
```

<<<<<<<<<<<<

第8章　编程常用算法

　　算法是指解决某些问题的方法，这里介绍三种编程常用的算法：树、递归和排序。其中，树既是一种数据结构，也是一种查找算法，用于解决查找的问题；递归，是指在函数体中调用自身的一种编程方法，当子问题和原问题的解决方法相同时，使用递归算法；排序算法，用于将列表等数据按照要求进行排序。这三种算法都是最常用的几种算法，掌握这几种算法能为以后探索其他更复杂的算法打下良好的基础。

8.1　树

8.1.1　树存储结构的一些基本概念

数据结构是指数据以及数据存储、组织的方式。树存储结构是一种特殊的数据结构。

生活中，我们常常看到大树，大树通常有一个主根，从根上长出多个树枝，每个树枝上又长出子树枝，最后长出叶子。

数据结构中的树存储结构模拟的就是生活中的大树，其结构如图 8-1 所示。

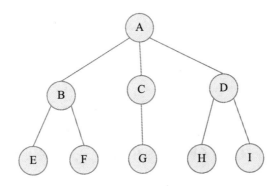

图 8-1　树的结构

在树中，我们把存储数据的元素称为结点，在图 8-1 中，有 A～I 共 9 个结点。其中，A 结点为根结点，在一棵树中，有且仅有一个根结点。A 结点有 3 棵子树，3 棵子树的根结点分别为 B、C、D 结点。E、F、G、H、I 结点下面没有子树，被称为叶子结点。

在一棵树中，我们称一个结点为子树根结点的父结点或父亲结点，而子树的根结点则为这个结点的子结点或孩子结点。例如，在图 8-1 中，A 是 B 的父结点，B 是 A 的子结点，同理，D 是 H 的父结点，H 是 D 的子节点。具有同一父亲结点的几个结点互为兄弟结点，例如 B、C、D 结点互为兄弟结点。

每个结点的子树的数量为该结点的度。图 8-1 中 A 结点的度为 3，B 结点的度为 2。所有结点的度的最大值为整棵树的度，因此图 8-1 所示的树的度为 3。

树结构广泛存在于计算机领域和日常生活中。计算机操作系统中的文件夹就是一个树状结构。根目录下，有子文件夹，每个子文件夹下又都有子文件夹，整个文件系统就形成了一棵树。

我们也可以把其他组织形式看作一棵树。如图 8-2 所示，我们把族谱看作一棵树，祖父张三为根，张三有三个孩子，分别为张胜利，张胜文和张胜武，每个孩子又都有自己的孩子，一个家族形成一个树状结构。

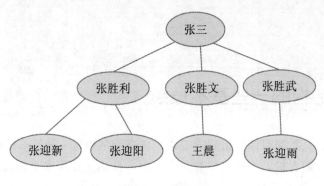

图 8-2　家族树

8.1.2　二叉排序树

二叉树是指树的度为 2 的有序树。所谓有序树，是指各结点的子树是按照一定的顺序从左向右排列的，否则则为无序树。二叉树中的结点最多具有两个孩子，我们称其为左孩子和右孩子，左孩子对应的子树被称为左子树，右孩子对应的子树被称为右子树，一个结点也可以只有左子树或者只有右子树，或者没有子树。

二叉排序树又称为二叉查找树，它或者是一棵空树，或者是一棵具有下列性质的二叉树。

（1）若左子树不为空，则左子树上所有结点的值都小于根结点的值。

（2）若右子树不为空，则右子树上所有结点的值都大于等于根结点的值。

（3）左子树和右子树均是一棵二叉排序树。

一棵按数字大小排列的二叉排序树如图 8-3 所示。

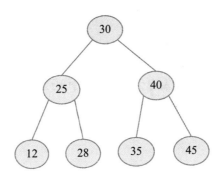

图 8-3　一棵二叉排序树

　　二叉排序树是使用广泛的树形结构，它的主要作用是提高查找效率。在进行查找时，数据使用二叉排序树存储比使用线性结构存储查找速度要快得多。

8.1.3　二叉排序树的存储形式

　　某咖啡店使用会员管理系统来记录会员信息。每个会员的会员号都由 6 位数字组成，现在我们使用二叉排序树的数据结构来存储会员号，它的部分结构如图 8-4 所示。

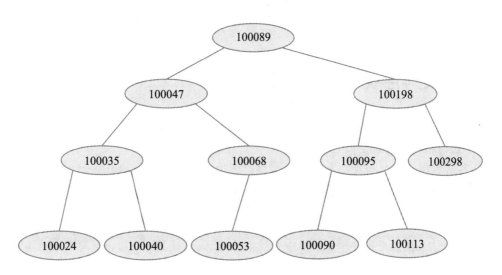

图 8-4　用二叉排序树存储会员卡号

在 Python 中，想要存储一棵二叉排序树，可以使用列表或者类，这里我们使用列表来存储咖啡店的会员号。

在列表中，我们将根结点的值作为列表第一个元素来存储；将根节点的左子树作为第二个元素，并用列表存储子树；根结点的右子树作为第三个元素，也用列表存储；如果左子树或者右子树为空，则用 None 来表示，以此类推就可以用列表存储整棵树，代码如下所示。

```python
tree=[100089,
      [100047,
      [100035,
        [100024,None,None],
        [100040,None,None]],
      [100068,
        [100053,None,None],
        None]],
      [100198,
      [100095,
        [100090,None,None],
        [100113,None,None]],
      [100298,None,None]]
      ]
```

其中，树的根结点为 tree[0]，树的左子树为 tree[1]，右子树为 tree[2]。

8.1.4 在二叉排序树中进行查找

使用二叉排序树来存储数据，最大的优点就是查找数据的速度快。

【例】确认某号码是否咖啡店的会员。

咖啡店的会员号使用二叉排序树的结构来存储。在结账时，如何能够快速确认客户提供的号码是否会员呢？这就要用到二叉排序树的查找算法了。其算法原理为：先查找根结点，如果找到则直接返回，否则根据目标值的大小查找左子树或右子树。具体代码如下所示。

```python
# search 方法:在二叉排序树 tree 中查找会员号 num,找到返回 True,否则返回 False
def search(tree,num):
    if tree==None:  # 如果 tree 的值为 None
        return False  # 返回 False
    if tree[0]==num:  # 如果 tree[0]等于 num
```

```
            return True   #  返回 True
        #  当树为空或者 num 的值等于 tree[0]时终止循环,否则一直循环查找
        while tree!=None and num!=tree[0]:
            #  当 num 的值比根结点的值大时,查找右子树
            if num>tree[0]:
                tree=tree[2]
            #  当 num 的值小于等于根结点的值时,查找左子树
            else:
                tree=tree[1]
        #  tree 为 None,表示没找到该会员号
        if tree==None:
            return False
        #  num 的值等于根结点,表示找到该会员号
        if num==tree[0]:
            return True
```

接下来调用 search()函数,看看号码 100040 和 110089 是不是会员号码吧。

```
num=100040
if search(tree,num):
    print("会员号{0}已找到,可以使用!".format(num))
else:
    print("会员号{0}不存在,请注册会员!".format(num))
num=110089
if search(tree,num):
    print("会员号{0}已找到,可以使用!".format(num))
else:
    print("会员号{0}不存在,请注册会员!".format(num))
```

输出结果如下所示。

```
会员号 100040 已找到,可以使用!
会员号 110089 不存在,请注册会员!
```

8.2 递归

8.2.1 斐波那契数列问题

数学中的斐波那契数列是这样的一组数列：第一项和第二项分别为 0 和 1，后面的每一项均为前两项之和。因此，斐波那契数列为：0，1，1，2，3，5，8……

【例】利用程序求解斐波那契数列的前 n 个数之和。

在程序中定义两个函数 create_fib() 和 sum_fib()，create_fib() 函数的功能为创建斐波那契数列，sum_fib() 函数的功能为对斐波那契数列求和。具体代码如下所示。

```python
# create_fib 函数创建斐波那契数列的前 num 项
def create_fib(num):
    list=[0,1]  # 初始化列表变量 list
    for i in range(2,num):  # 循环迭代
        list.append(list[i-1]+list[i-2])  # 为 list 添加新元素
    return list  # 返回 list


# sum_fib 函数求得斐波那契数列的前 num 项的和,并将结果返回
def sum_fib(num):
    list=create_fib(num)  # 初始化列表变量 list
    sum=0  # sum 表示和,初始值为 0
    print(list)  # 打印输出 list 列表元素
    for item in list:  # 循环迭代 list 列表
        sum+=item  # 累加列表元素值
    return sum  # 返回 sum


print(sum_fib(10))  # 打印输出结果
```

程序运行结果如下所示。

```
[0,1,1,2,3,5,8,13,21,34]
88
```

这里我们在 sum_fib ()函数中调用了 create_fib ()函数。既然在一个函数中可以调用另一个函数，那么在函数中是否可以调用自身函数呢？答案是肯定的。这种调用自身的函数叫作递归函数。

递归函数的调用方式如下所示。

```
def recurision():
    recurision()
```

【例】使用递归算法创建斐波那契数列。

斐波那契数列创建时，除了前两项，后面每一项都是它前面两项的和，即 $Fib(n)=Fib(n-1)+Fib(n-2)$。当每一项的计算方式都相同时，可以使用递归来创建斐波那契数列。具体代码如下所示。

```
# create_fib2 函数返回下标为 num 的斐波那契数列值
def create_fib2(num):
    # 设定第一个斐波那契数列值为 0
    if(num==0):
        return 0
    # 设定第二个斐波那契数列值为 1
    if(num==1):
        return 1
    # 从第三项开始,每一项的值是前两项之和
    return create_fib2(num-1)+create_fib2(num-2)

list=[]
for i in range(20):
    list. append(create_fib2(i))
print(list)
```

输出结果如下所示。

```
[0,1,1,2,3,5,8,13,21,34,55,89,144,233,377,610,987,1597,2584,4181]
```

这里 create_fib2(num)函数返回下标为 num 的斐波那契数列值。主程序中，使用 list 来保存数列的项，然后调用 20 次 create_fib2 ()函数，获得数列的前 20 项，最后将数列输出。

现在，我们已经通过两种方式创建了斐波那契数列，一种是使用循环的方式，另一种是使用递归的方式。递归和循环往往是可以相互转化的，简单的递归可以使用循环来表示，但是有时候一些问题比较复杂，使用递归更容易理清思路。

那么，什么情况下可以使用递归算法呢？

在计算斐波那契数列第 n 项时，它的值是前两项之和，而前两项的计算方法与第 n 项的计算方法相同，因此，可以把计算第 n 项的问题转化为计算第 n−1 项和第 n−2 项的子问题，直到计算第 1 项和第 2 项为止。

由此我们总结出使用递归函数的条件如下。

（1）当子问题与原问题的解决方式相同时，可以使用递归函数。

（2）递归需要有一个终止条件，防止递归无限地循环下去。

在使用递归算法解决斐波那契数列问题时，计算数列的第 1 项和第 2 项就是递归函数的终止条件。

8.2.2　用递归解决二叉排序树的查找问题

细心的你可能已经发现了，二叉排序树在定义时就是一个递归：二叉排序树中，每一个结点的左子树和右子树均为一棵二叉排序树。因此，对二叉排序树的操作也很容易使用递归来实现。

【例】使用递归算法确认某号码是否咖啡店的会员。

已知咖啡店的会员使用二叉排序树的结构来存储，现在使用递归算法来查找号码 100040 是否在二叉排序树中。我们从根结点开始，如果根结点就是 100040，则直接返回 True。如果根结点不是 100040，那么如果 100040 比根结点小，则 100040 一定存储在左子树中，我们将原问题转化为 100040 是否在左子树中的子问题；如果 100040 比根结点大，则 100040 一定存储在右子树中，我们将原问题转化为 100040 是否在右子树中的子问题。代码如下所示。

```python
# search2 函数使用递归的方法在 tree 中查找 num,找到返回 True,否则返回 False
def search2(tree,num):
    if tree==None:
        return False
    # 如果根结点与 num 相等,则表示找到,返回 True
    if tree[0]==num:
        return True
    # 如果 num 小于根结点的值,则去左子树中寻找
    if num<tree[0]:
        return search(tree[1],num)
    # 如果 num 大于根结点的值,则去右子树中寻找
    if num>tree[0]:
        return search(tree[2],num)
```

现在，尝试调用 search2()函数查询号码 100040 和 110089 是否有效会员号码。

```
num=100040
if search2(tree,num):
    print("会员号{0}已找到,可以使用!".format(num))
else:
    print("会员号{0}不存在,请注册会员!".format(num))
num=110089
if search2(tree,num):
    print("会员号{0}已找到,可以使用!".format(num))
else:
    print("会员号{0}不存在,请注册会员!".format(num))
```

输出结果如下所示。

```
会员号 100040 已找到,可以使用!
会员号 110089 不存在,请注册会员!
```

由于树的定义本身就具有递归性,因此,关于树的一些操作大多都可以通过递归完成。

编程时使用递归算法更好吗?

使用递归算法,容易理清思路,写起来也比循环简单,不过递归算法也有其缺点,缺点如下所示。

(1) 递归是对函数自身的调用,而函数调用会消耗更多的时间和空间。

(2) 在使用递归时,由于是将原问题分解为子问题,而子问题之间有可能是相互重叠的,因此会导致不必要的重复计算。

(3) 递归时,如果调用的层数太多,可能导致栈溢出。

使用时,可以根据具体情况决定使用递归还是循环。

8.3　排序

8.3.1　Python 内置排序函数

排序，就是将一组记录（数据），按照其中某个或某些关键字的大小，递增或递减地重新排列。排序算法是处理数据的常用算法之一，排序之后的数据可用于统计或查找。数据经过排序后再进行查找，可以提高查找效率。

排序的应用十分广泛。例如，我们电脑里的文件夹可以按照文件名称或者创建时间排序。

在 Python 中，有内置的函数实现了排序算法，可以帮助我们解决排序问题，排序函数的语法格式如下。

```
sorted(iterable,key=None,reverse=False)
```

sorted()函数中，参数 iterable 为可迭代对象，即要进行排序的对象；参数 key 用来指定一个函数，该函数带有单个参数，用来提取 iterable 的每个元素中用来比较的键；参数 reverse 为排序规则，默认为 False，表示按照升序排序，reverse 为 True 时，表示元素按照降序排序。需要注意的是，sorted()函数不改变 iterable 的元素顺序，而是返回一个新的已排序列表。

使用 sorted 函数对一个列表进行升序非常简单，代码如下所示。

```
list=[10,6,14,39,2,58]
list1=sorted(list)
print(list1)
```

输出结果如下所示。

```
[2,6,10,14,39,58]
```

【例】使用 Python 模拟网上购物超市中的商品排序。

网上购物超市中的商品信息包含商品名称、商品单价和商品数量，我们将按照商品单价和商品数量分别排序。具体代码如下所示。

```python
# 定义函数 sort_by_price(),表示按照商品价格排序
def sort_by_price(item):
    return item[1]

# 定义函数 sort_by_num(),表示按照商品数量排序
def sort_by_num(item):
    return item[2]

things=[("雪饼",10,1000),("洗发水",80,500),("西瓜",20,800),("牛肉",60,300),("香皂",8,950)]

things_byprice=sorted(things,key=sort_by_price)
print("商品按照单价排序:",things_byprice)

things_bynum=sorted(things,key=sort_by_num)
print("商品按照数量排序:",things_bynum)
```

输出结果如下所示。

```
商品按照单价排序:[('香皂',8,950),('雪饼',10,1000),('西瓜',20,800),('牛肉',60,300),('洗发水',80,500)]
商品按照数量排序:[('牛肉',60,300),('洗发水',80,500),('西瓜',20,800),('香皂',8,950),('雪饼',10,1000)]
```

●●●● **编程宝典** ●●●●

sorted()函数与 list.sort()方法

列表类型的对象具有 sort()方法，该方法的功能与 sorted()函数的功能相同，都是排序。二者的区别在于使用 sorted()函数不会改变原列表，而是返回一个排好序的列表，而当调用 list.sort()方法时会直接对原列表进行排序。

8.3.2　用 lambda 表达式对列表内数据进行排序

我们用 Python 模拟网上购物时后台对商品排序的过程，每换一种关键字，就要重新写一个函数，而这个函数又仅仅只用一次，着实有些浪费，有没有更简便的方法来实现这个功能呢？答案是有的，lambda 表达式正好可以满足我们的需求。下面通过使用 lambda 表达式创建匿名函数来重新模拟网上购物时后台对商品排序的过程。

使用 lambda 表达式对商品排序的程序代码如下所示。

```
things=[("雪饼",10,1000),("洗发水",80,500),("西瓜",20,800),("牛肉",60,300),("香
皂",8,950)]

things_byprice=sorted(things,key=lambda x:x[1])
print("商品按照单价排序:",things_byprice)

things_bynum=sorted(things,key=lambda x:x[2])
print("商品按照数量排序:",things_bynum)
```

输出结果如下所示。

```
商品按照单价排序:[('香皂',8,950),('雪饼',10,1000),('西瓜',20,800),('牛肉',60,300),
('洗发水',80,500)]
商品按照数量排序:[('牛肉',60,300),('洗发水',80,500),('西瓜',20,800),('香皂',8,950),
('雪饼',10,1000)]
```

可见，使用 lambda 表达式配合排序，能够使得代码更简洁、更灵活。

邀你来挑战　《《《《《《《《《《《

在本章 8.2.1 中，我们使用递归函数创造了斐波那契数列。细心的你可能已经注意到，在创建数列的过程中，每调用一次 create_fib2()函数，都要进行多次递归。例如，计算 Fib（3）时，使用 Fib（3）＝Fib（2）＋Fib（1），计算 Fib（4）时，使用 Fib（4）＝Fib（3）＋Fib（2），因此计算 Fib（4）时，重复计算了 Fib（3）的值，以此类推，在计算后面的项时也会重复计算前面的项，这就多

了很多重复的工作。那么，如何去除重复的工作，使得程序运行更快呢？提示：可以考虑使用标记，参考代码如下所示。

```
num=20
list=[-1]*num   # list 用于存储已经计算过的斐波那契数列的项,初始值为-1。同时也用
于标记,当值为-1时,表示还未计算对应的数列值。
def create_fib3(num):
    if num==0:
        list[num]=0
        return 0
    if num==1:
        list[num]=1
        return 1
    if list[num] !=-1:
        return list[num]
    list[num]=create_fib3(num-2)+create_fib3(num-1)
    return list[num]

create_fib3(num-1)
print(list)
```

第 3 篇

高级知识

第9章　面向对象编程

　　和面向过程编程相比，面向对象编程不仅意味着数据与过程相分离，而且还引入了很多新的概念，诸如使用类、继承、多态、属性等概念专门来描述对象的机制。面向对象编程最大限度地减少了软件代码重用和维护的问题。

　　如果采用面向对象编程，程序设计又会发生怎样的改变呢？接下来就一起来了解一下吧。

9.1　面向对象思想

这个世界是由各种物质组成的，如果把每一个物质都看作一个对象，你就会发现每个对象都有自己的任务，它们协调合作，共同构成了这个美丽的世界。

同理，在程序中，如果把为了完成相同目标的代码看成一个对象，你就可以从以过程为中心转变为以对象为中心，根据对象设置程序。

面向对象思想是一个比较抽象的概念，因为对象的大小、特点可以根据每个人的思维方式有所不同，但面向对象思想无疑提高了程序的可维护性并增加了代码的复用性。

9.1.1　面向对象程序设计的特点

面向对象程序设计可以看作是一种计算机编程架构，其尽量贴近人类的思维方式，认为程序是由一系列对象组成，以对象为核心，以类和对象作为核心概念。

面向对象程序设计方法认为，计算机程序由单个能够起到子程序作用的单元或对象组成，因此以对象为中心可以解决大多数问题，面向对象程序设计具有以下优点（图 9-1）。

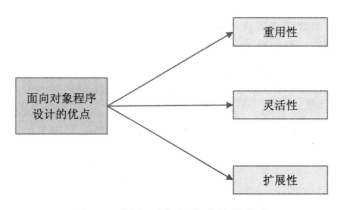

图 9-1　面向对象程序设计的优点

9.1.2　面向对象程序设计的基本特征

在进行程序设计时，对一类对象进行概括，总结出其共同的性质特点并加以描述，这实际上是一个对问题进行分析和概括的过程。注意我们并不需要概括问题的方方面面，只需要找到问题的主要方面，即当前程序目标的主要方面。例如，设计员工绩效管理系统时，只需概括员工的姓名、工号和绩效分数等属性，而员工的身份证号、手机号等属性可以忽略。

面向对象程序设计具有以下三个基本特征：封装、继承和多态（图 9-2）。

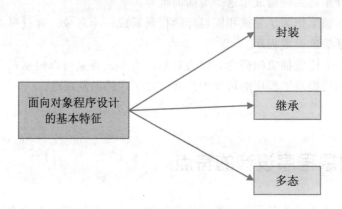

图 9-2　面向对象程序设计的基本特征

1. 封装

封装是指将每个对象的数据（属性）和操作（行为）包装在一个类中形成一个整体，简单来理解，就是把属于同一个对象的数据打包的过程。例如，我们只需要敲击计算机键盘就可完成输入文字的功能，并不需要知道其内部是如何工作的。

通过封装将对象保护起来，只留下外部接口，这样让程序模块之间的关系更简单，让对象的数据也更加安全（图 9-3）。

封装是实现抽象的基本手段，封装的使用使得对程序的修改只限于类的内部，不会影响整体的程序运行。

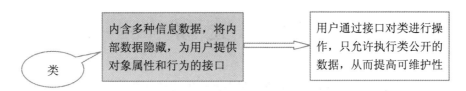

图 9-3　封装特性示意图

2. 继承

在面向对象的编程思想中，继承是指一个新类可以从现有的类派生出来，包括继承现有类的属性和行为，可以修改并增加新的属性和行为，让其适应实际需求。例如，计算机的应用程序，可以看作是从同一个窗口类中继承而来，有的负责处理文字，有的负责绘图，这是在继承并增加新的属性和行为。

在 Python 中，子类的实例都是父类的实例，但不能说父类的实例是子类的实例，子类可以拥有新的属性和行为（图 9-4）。

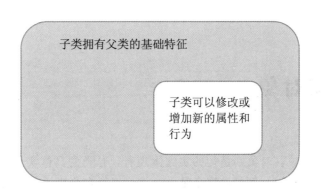

图 9-4　继承特性示意图

以四边形为例，四边形的种类有很多，包括长方形、平行四边形、梯形，等等，这些图形都拥有四边形的特性，即拥有四条边，我们可以说四边形是父类，长方形、梯形等是子类。

继承可以很好地构造对象，解决软件的可重用性问题，是面向对象编程的重要基本特征。

3. 多态

在程序设计中，多态是指类中具有相似功能的不同函数可以使用同一个名称，并允许不同类的对象对同一消息做出不同的响应。例如，在文字处理程序和绘图处理程序中，都有"粘贴"的操作，但其执行起来会有不同的效果，又比如同样是执行减法操作，日期值相减和整数相减会有不同的结果。

多态的应用让程序在设计时更加灵活，可以让类的行为和代码实现共享以解决函数同名的问题。

拨 开 迷 雾

面向对象编程和面向过程编程的区别

在你了解面向对象思想之后，你是否对该思想有了比较清晰的认识，那你知道它和面向过程编程思想有什么区别吗？

面向过程编程是以过程为中心来设计程序，易于实施，除了某些标准函数，大部分的代码需要重新编写，一旦用户需求发生改变，其系统模块大部分需要重新设计，不易维护，而数据结构发生改变之后，处理数据的过程也要重新修订。

面向对象编程是把对象作为中心进行设计，符合人们分析问题的思维方式，可以并行处理多个程序，对象之间的数据各不关联，每个对象都有自己的模块，具有很高的可维护性。

9.2 类和对象

类是对某一类对象的抽象，对象则是类的实施体现者，是类的具体实例，二者相辅相成，不可分割，一同提高着程序的可维护性。例如，汽车是一个类，停靠在路边的一辆汽车则是一个对象。

9.2.1 创建类

在 Python 中，类是面向对象的基础，在使用类之前，必须先定义一个类，然后再创建类的实例，通过类的实例来访问类的属性和方法。

类的定义放在程序的头部，其语法格式如下所示。

```
class ClassName:
    '''类的帮助信息'''
             ┌ < 语句 1>
             │ < 语句 2>
    statements │ < 语句 3>
             │ ...
             └
```

其中，ClassName 是类名，其首字母一般大写，如果类名中有两个英文单词，第二个英文单词首字母一般也大写。你也可以按照自己的书写习惯进行命名，但根据惯例来命名更适合他人阅读。

类的帮助信息：用来指定类的文档字符串，一旦被定义，当你在创建类的对象时，输入类名和括号之后会显示该信息，一般使用三个单引号对的注释方式。

statements：表示类体，由方法和属性等定义语句组成。

【例】定义一个 Staff 类，并定义相关属性。

```
class Staff:     # 定义 Staff 类
    '''职员的相关信息'''
    age=0        # 定义 age 属性
    sex=''       # 定义 sex 属性
    name=''      # 定义 name 属性
    time=''      # 定义 time 属性
```

类还可以通过继承的形式来定义，其语法格式如下所示。

```
class ClassName(父类名):
    '''类的帮助信息'''
             ┌ < 语句 1>
             │ < 语句 2>
    statements │ < 语句 3>
             │ ...
             └
```

一个子类继承父类，子类不但拥有父类的全部特性，还可以增加或修改新的成员属性和方法，例如以下代码就通过继承的方式定义了新的子类。

```
class Sst(Staff):    # 定义 Sst 类
    '''行政部门的相关信息'''
    depart=''
    number=''   # 定义 number 属性
```

类的创建与函数类似，类相当于一个局部作用域，不同类的内部可以使用相同的属性名。

9.2.2　实例化对象

当定义完类之后，不要以为工作就结束了，想要真正让类发挥作用，还需要我们将类进行实例化，这样才能进行调用，实例化对象的语法格式如下所示。

实例名=类名()

在程序的实际应用中，该如何实例化对象呢？下面通过一个例子来进一步分析如何实例化对象。

【例】定义 Book 类，并为该类定义 author，name，pages，price 等属性，然后实例化类的对象，具体代码如下所示。

```python
class Book:  # 定义 Book 类
    '''书籍信息'''
    author=''  # 定义 author 属性
    name=''  # 定义 name 属性
    pages=0  # 定义 pages 属性
    price=0  # 定义 price 属性


yuwen=Book()  # Book 类实例化

print(yuwen)  # 查看对象 yuwen
print(yuwen.author)  # 访问 author 属性
print(yuwen.pages)  # 访问 pages 属性
print(yuwen.price)  # 访问 price 属性
yuwen.author='Qinghua'  # 设置 author 属性
yuwen.pages=300  # 设置 pages 属性
yuwen.price=25  # 设置 price 属性


print(yuwen.author)  # 重新访问 author 属性
print(yuwen.pages)  # 重新访问 pages 属性
print(yuwen.price)  # 重新访问 price 属性


shuxue=Book()  # 将 Book 类实例化生成 shuxue 对象
```

```
print(shuxue.author)   # 访问 shuxue 对象的 author 属性
print(shuxue.price)    # 访问 shuxue 对象的 price 属性
shuxue.author='Beiyou'  # 设置 shuxue 对象的 author 属性
shuxue.price=30  # 设置 shuxue 对象的 price 属性

print(shuxue.author)   # 访问 shuxue 对象的 author 属性
print(shuxue.price)    # 访问 shuxue 对象的 price 属性
print(yuwen.price)     # 访问 yunwen 对象的 price 属性
print(shuxue.pages)    # 访问 shuxue 对象的 pages 属性
```

通过上述代码我们可以看出，类实例化后会生成一个对象，在上述代码中生成了实例化对象 yuwen 和 shuxue，然后通过该对象调用对象的价格属性并打印。这样，这两个实例化对象就可以使用类的属性和方法，方便我们利用这些属性和方法进行某些操作。

类实例化可以生成一个对象，也可以生成多个对象，多个对象之间不会相互影响。

9.3　调用对象 self

在创建类后，可以手动创建一个__init__()方法，该方法可以理解为构造方法，当实例化对象时，会自动调用__init__()方法。该方法中必须包含一个 self 参数，self 参数指向实例本身，用于访问实例的属性和方法。

【例】以动物类为例创建__init__()方法，具体代码如下所示。

```
class Animal:
    '''动物类'''

    def __init__(self):  # 构造方法
        print("我是动物类!")

wildGoose=Animal()  # 创建动物类的实例
```

运行程序，输出结果如下所示。

> 我是动物类！

由运行结果可以看出，在__init__()方法只有 self 一个参数的情况下，当创建类的实例时，就不需要指定实际参数了。

9.4 属性

属性的种类有很多，比如类属性、对象属性以及私有属性，它们各有特点（图 9-5）。

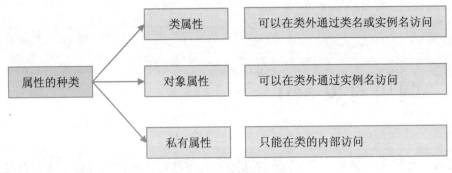

图 9-5 属性的种类

9.4.1 类属性

类属性是指定义在类中，并且在函数体外的属性，相当于全局变量，是实例对象共有的属性，在类外可以通过类名或实例名进行访问。

【例】定义一个类 Human，并定义类属性，用于记录人类的特征，具体代码如下所示。

```
class Human:
    '''人类'''
    hand="双手灵活,共十指"  # 定义类属性(双手)
```

```
    leg="两条腿,直立行走"  # 定义类属性(双腿)
    brain="有自己的语言和思想"  # 定义类属性(大脑)


    def __init__(self):  # 实例方法(相当于构造方法)
        print("我属于人类！我有以下特征:")
        print(Human.hand)  # 输出双手的特征
        print(Human.leg)  # 输出双腿的特征
        print(Human.brain)  # 输出大脑的特征


person=Human()  # 创建人类的实例
```

运行程序，输出结果如下所示。

```
我属于人类！我有以下特征:
双手灵活,共十指
两条腿,直立行走
有自己的语言和思想
```

通过上述代码可以看出，类属性是实例对象共有的属性，即类拥有什么特性，实例就拥有什么样的特性，在类外可以通过类名进行访问，当然也可以通过实例名进行访问。

9.4.2 对象属性

对象属性和类属性不同，有一个限定的范围，是指定义在方法内部的属性，可以通过对象名调用对象属性。

【例】为 Human 类的对象定义对象属性。具体代码如下所示。

```
class Human:
    '''人类'''
    def __init__(self,hand,leg,brain):  # 实例方法(相当于构造方法)
        self.hand=hand  # 对象属性(双手)
        self.leg=leg  # 定义对象属性(腿)
        self.brain=brain  # 定义对象属性(大脑)
        print("我属于人类！我有以下特征:")
        print(self.hand)  # 输出手的特征
        print(self.leg)  # 输出腿的特征
```

```
        print(self.brain)   #  输出大脑的特征

#  实例化一个人类的对象
human1=Human("双手灵活,共十指","两条腿,直立行走","有自己的语言和思维")
#  实例化另一个人类的对象
human2=Human("手指细长,共十指","腿细而长","有自己的语言和思维")
```

运行程序，输出结果如下所示。

```
我属于人类！我有以下特征：
双手灵活,共十指
两条腿,直立行走
有自己的语言和思维
我属于人类！我有以下特征：
手指细长,共十指
腿细而长
有自己的语言和思维
```

对象属性只能通过对象名来访问，你也可以通过对象名来修改对象属性，通过类名来访问对象属性就不会成功，程序运行会出现错误。

与类属性不同，通过对象名修改对象属性后并不会对该类中的其他对象的属性产生影响。

【例】定义 Human 类，并定义对象属相 hand，创建两个 Human 类的对象，修改其中一个对象属性，观察另一个对象属性是否发生变化。具体代码如下所示。

```
class Human:
    '''人类'''
    def __init__(self):
        self.hand="双手比较灵活,共十根手指"   #  实例属性(手)
        print(self.hand)

person1=Human()
person2=Human()
person1.hand="手指没有同学的长"   #  修改实例属性
print("person1 的 hand 属性:",person1.hand)
print("person2 的 hand 属性:",person2.hand)
```

运行程序，输出结果如下所示。

```
双手比较灵活,共十根手指
双手比较灵活,共十根手指
person1 的 hand 属性:手指没有同学的长
person2 的 hand 属性:双手比较灵活,共十根手指
```

9.4.3　私有属性

在 C++ 和 Java 中，属性（成员）可以通过控制符 public 或者 private 表示该属性能被任意访问或者只能在类中访问。Python 中没有这个访问控制符，一般在属性前面加上两个下划线"＿"来表示该属性是一个私有属性，私有属性不能在类外部访问，只能在类的内部访问。

【例】定义一个人类 Human，在该类的_init_()方法中定义两个对象属性，用于记录人类的特征，其中一个为私有属性，具体代码如下所示。

```
class Human:
    '''人类'''

    def __init__(self):  # 实例方法(相当于构造方法)
        self.hand="双手灵活,共十指"  # 定义实例属性(双手)
        self.__leg="两条腿,直立行走"  # 定义私有属性(腿)

human=Human()  # 实例化一个人类的对象
print("我属于人类! 我有以下特征:")
print(human.hand)  # 输出手的特征
print(human.__leg)  # 输出腿的特征
```

运行程序，输出结果如下所示。

```
我属于人类! 我有以下特征:
双手灵活,共十指
Traceback(most recent call last):
  File "D:/Python_workspace/com/book/ch9/9.4.3.py",line 14,in <module>
    print(human.__leg)   # 输出腿的特征
AttributeError: 'Human' object has no attribute '__leg'
```

上述代码无法成功运行，这是因为通过实例名无法访问私有属性。

9.5 方法

在 Python 中，方法并不是我们说的解决问题的方式，而是指对象的行为。和函数类似，方法中封装了独立的功能，但方法有很强的针对性，只能依靠类或对象才能被调用。

方法的种类有很多，比如类方法、静态方法以及魔法方法，它们各有特点（图 9-6）。

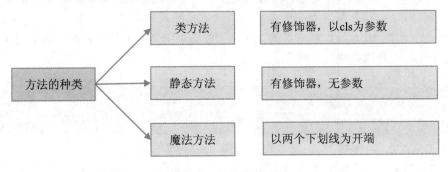

图 9-6　方法的种类

●●●●　**编程宝典**　●●●●

方法和函数的区别

方法和函数很相似，里面都封装了独立的功能，但两者有本质的区别，主要体现在以下几个方面。

第一，函数在 Python 中可以直接使用，而方法必须通过对象调用。

第二，方法通常包含 self 或 cls 参数，除此之外还可以有其他参数，而函数的参数中一般不包括 self 或 cls。

第三，函数可以写在程序中的任意位置，而方法只能在类中出现。

9.5.1 类方法

什么是类方法呢？从字面上来理解，就是类所拥有的方法。它用修饰器@classmethod 来标识，如果一个方法中含有该修饰，这就是类方法。

和普通方法第一个参数需是 self 相似，类方法使用 cls 作为第一个参数，除此之外，也可以有别的参数。

类方法跟普通方法不同的是，可以直接通过特殊的方式调用，其调用格式如下所示。

类名.方法名

【例】使用类名.方法名的方式调用类方法，具体代码如下所示。

```
class People:
    name="中国人"

    @ classmethod   # 修饰器进行修饰,表明修饰的方法为类方法
    def getName(cls):  # 类方法
        return cls.name

    @ classmethod
    def sum(cls,a,b):   # 其参数可以有多个,cls 必须在第一个
        return a+b

p=People()
print(p.getName())   # 可以用过实例对象引用
print(People.getName())   # 通过类名.方法名的形式调用
print(p.sum(10,11))
print(People.sum(10,11))
```

运行程序，输出结果如下所示。

```
中国人
中国人
21
21
```

通过上述代码可以看出，首先，我们需要定义一个类 People，该类中拥有属性 name。然后，我

们可以定义类方法 getName(cls) 和 sum(cls，a，b)，表明类的行为。最后，我们实例化类 People，此时，如果想调用类 People 的方法，可以通过类名．方法名的形式调用，当然，也可以通过实例对象名．方法名的形式调用。

9.5.2 静态方法

静态方法用修饰器@staticmethod 来标识，如果一个方法中含有该修饰，这就是静态方法。

静态方法不需要使用 self 或 cls 参数，静态方法可以被类或类的实例对象调用。

【例】定义 People 和 staff 类，为 staff 类定义静态方法并进行调用。具体代码如下所示。

```python
class People:  # 定义 People 类(基类)
    '''人的相关信息'''
    age=0  # 定义 age 属性
    sex=''  # 定义 sex 属性
    name=''  # 定义 name 属性
    time=''  # 定义 time 属性


class Staff(People):  # 定义类 Staff(派生类)
    name='wangwu'  # 修改子类的有关名字的相关信息

    @ staticmethod  # 修饰器进行修饰,表明修饰的方法为静态方法
    def getName():  # 静态方法,不需要 self 或 cls 参数
        return Staff.name  # 该方法的功能为返回子类的名字的信息


p=Staff()
# 静态方法可以通过实例对象调用
print(p.getName())
# 使用静态方法传递类的属性,可以通过类名．方法名的形式调用
print(Staff.getName())
```

运行程序，输出结果如下所示。

```
wangwu
wangwu
```

静态方法的使用和类方法的使用相似，使用之前需要通过特定的修饰器进行修饰；可以通过实例名或类名调用；但和类方法不同的是，使用静态方法并不需要定义参数 cls。

9.5.3　魔法方法

魔法方法是一类特殊的方法，以两个下划线作为开端，比如 __init__()、__str__()、__doc__()、__new__()，等等。我们经常使用的 __init__() 方法就是魔法方法，这是实例被创建的时候调用的初始化方法。

与类方法和静态方法不同，魔法方法并不需要使用类名 . 方法名的形式调用，也不需要修饰器，其最大的特点在于魔法方法在类或对象的某些事件发生后会自动执行，如创建实例时，会自动调用魔法方法 __init__()。

魔法方法在编程中的应用很多，它相当于对类中的内置方法进行重载，最常见的魔法方法见表 9-1。

表 9-1　常见的魔法方法

魔法方法	魔法方法的作用
__init__（self）	构造方法，用于初始化对象
__del__（self）	销毁对象，和删除的含义相似
__eq__（self，other）	比较操作符，和 == 的行为类似，做比较
__add__（self，other）	执行加法的操作
__str__（self）	定义调用 str() 方法或者打印对象时的行为
__len__（self）	定义调用 len() 方法时的行为

如果你编写的程序有特殊功能，你也可以对这些魔法方法进行重写。如果是其他普通方法，最好不要以双下划线为前缀，因为这样很容易弄混。

邀你来挑战　«««««««««««

使用面向对象编程，可令很多相似的对象作为一个类出现，大大节约了代码。现在请你创建一个员工类，并定义姓名、年龄、部门等属性，并通过实例名调用其中的某些属性。

提示：首先要先定义，将类实例化之后才能使用。

«««««««««««

第 10 章　继承与多态

　　继承和多态是面向对象程序设计的两个重要特征。在面向对象编程过程中，借助继承和多态可以更方便地模拟现实世界的事物和情景。继承，使得我们在编写子类时，可以直接扩展代码块，而不需要重复编写与父类相同的方法，提高了代码的使用率，减少了重复代码。多态，使得实例在运行时可以根据对象类型动态决定使用哪个方法，大大提高了程序设计的灵活性。

10.1　单继承

10.1.1　继承的特点

面向对象编程中的继承模拟的是现实世界中特有的规律。例如，孩子可以从父母处继承相貌等特征，但每个孩子又有不同于父母之处。

在 Python 中定义类时，可以从现有的类继承。新定义的类被称为子类或派生类，被继承的类被称为基类、父类或超类。通过继承，可以复用以前的代码，从而提高开发效率，缩短开发周期，降低开发费用。

Python 中的继承有以下几个特点。

（1）在继承中，父类的 __init__() 方法不会被自动调用，如果想使用父类的 __init__() 方法，需要在子类的 __init__() 方法中专门调用。

（2）在调用父类的方法时，需要加上父类的类名前缀，并带上 self 参数变量，例如父类为 Person，想要调用父类的 talk() 方法时，我们使用如下语句：Person.talk(self)。而在本类中调用普通方法时，不需要添加 self 参数变量。

（3）在 Python 中调用实例的某方法时，首先查找该实例对应的类中的方法，如果找不到，再到其父类中逐个查找。

10.1.2　继承的语法格式

定义子类时，可以在类名右侧添加基类（基类使用小括号括起来），从而实现继承关系。具体语法格式如下所示。

```
class ClassName(baseclasslist):
    '''类的帮助信息'''
    [statements]    # 类体
```

ClassName 指要定义的类名，baseclasslist 指定要继承的类，可以有多个，多个基类之间使用逗号 "," 隔开，如果不指定基类，将默认使用所有 Python 对象的基类 object。使用三个单引号括起来的是类的帮助信息，可以在这里注明类的特性和功能，可以使用此信息建立类的说明文档。statements 是类体，主要包含类方法和类属性等。

10.1.3　什么是单继承

当子类只有一个父类时，这种继承为单继承。

【例】定义一个四边形类 Quadrilateral 作为基类，在该基类中定义类属性 sides 来表示边的数目，定义类属性 corners 来表示角的数量，再定义 len() 方法来获取四边形的周长，然后创建正方形 Square 类，Square 类继承自 Quadrilateral 类，最后创建 Square 类的实例，并调用 len() 方法。具体代码如下所示。

```
class Quadrilateral:
    '''四边形类'''
    sides=4  # 四边形的边数为 4
    corners=4  # 四边形的角共有 4 个

    def __init__(self,a,b,c,d):
        '''构造函数,完成对象的初始化,设置四边形 4 条边 a、b、c、d 的长度'''
        self.a=a
        self.b=b
        self.c=c
        self.d=d

    def len(self):
        '''计算四边形的周长并返回'''
        return self.a+self.b+self.c+self.d

class Square(Quadrilateral):
```

```
    '''正方形类'''
    pass  # pass 语句表示空语句,起占位作用。

s=Square(4,4,4,4)
print("正方形 s 的边数为:",s.sides)
print("正方形 s 的角的数目为:",s.corners)
print("正方形 s 的周长为:",s.len())
```

程序运行结果如下所示。

```
正方形 s 的边数为:4
正方形 s 的角的数目为:4
正方形 s 的周长为:16
```

从运行结果可以看出,虽然 Square 类中没有定义 sides 和 corners 属性以及 len()方法,但是依然可以调用,这是因为子类继承了父类的方法和属性。

10.1.4　私有属性和方法不能继承

类的私有属性和方法只能在类内部访问,外部不能访问,因此子类不能继承父类的私有属性和方法。

【例】在父类 Parent 中增加私有方法__private(),并使用子类 Child 的对象进行调用。具体代码如下所示。

```
class Parent:
    '''父类'''

    def __private(self):
        '''私有方法'''
        print("这是私有的方法。")

    def public(self):
        '''公有方法'''
        print("这是公有的方法。")
```

```
class Child(Parent):
    '''子类'''
    pass  # pass 语句表示空语句,起占位作用

c=Child()  # c 为 Child 类的对象
c.public()  # 父类的公有方法,可以正常调用
c.__private()  # 父类的私有方法,无法调用,会报错
```

程序运行结果如下所示。

```
这是公有的方法。
Traceback(most recent call last):
  File "D:/Python_workspace/com/book/ch10/10.1.2.py",line 20,in < module>
    c.__private()  # 父类的私有方法,无法调用,会报错
AttributeError:'Child' object has no attribute '__private'
```

可见,子类继承了父类的公有方法,调用公有方法时,运行正常,但子类没有继承父类的私有方法,调用私有方法时,程序报错。

●●●● 编程宝典 ●●●●

多层继承

我们知道,当 A 类(子类)继承自 B 类(父类)时,A 类继承了 B 类的方法和属性,如果 B 类继承自 C 类,那么 A 类会继承来自 C 类的方法和属性吗?

答案是会的。B 类继承自 C 类,所以 B 类中继承了 C 类的方法和属性,而 A 类继承自 B 类,所以 A 类中也继承了 C 类的方法和属性,如果 B 类对 C 类的方法进行了重写,则 A 类继承的是重写后的方法。

当调用 A 类的方法或属性时,优先在 A 类内部查找,如果没有找到,则在 B 类中查找,如果还是没找到再从 C 类中查找。

10.2　多继承

当子类有多个父类时，这种继承为多继承。

【例】定义一个鱼类 Fish，在类中定义 move()方法来表示鱼类的活动方式；定义哺乳动物类 Mammal，在类中定义 move()方法来表示鱼类的活动方式，再定义 create_baby()方法来表示哺乳动物生产的方式；然后创建鲸鱼 Whale 类，Whale 类继承自 Fish 类和 Mammal 类，最后创建 Whale 类的实例，并调用 move()方法和 create_baby()方法。具体代码如下所示。

```
class Fish:
    '''鱼类'''

    def __init__(self,name):
        '''构造函数,完成对象的初始化'''
        self.name=name  # name 表示鱼类的名称

    def move(self):  # move()方法表示鱼类活动的方式
        print(self.name+"会游泳。")

class Mammal:
    '''哺乳动物类'''
    def __init__(self,name):
        '''构造函数,完成对象的初始化'''
        self.name=name  # name 表示哺乳动物的名称

    def move(self):  # move()方法表示哺乳动物类活动的方式
        print(self.name+"一般爬行或直立行走。")

    def create_baby(self):  # create-baby()方法表示哺乳动物类生产的方式
        print(self.name+"一般为胎生。")
```

```
class Whale(Fish,Mammal):  # 定义 Whale 类,父类为 Fish 和 Mammal
    '''鲸鱼类'''

    def __init__(self,name):
        super().__init__(name)

w=Whale("鲸鱼")
w.move()
w.create_baby()
```

Whale 类的实例既继承了 Fish 类的属性和方法，又继承了 Mammal 类的属性和方法，因此它既可以调用 move()方法，又可以调用 create_baby()方法。程序的输出结果如下所示。

```
鲸鱼的形态像鱼一样。
鲸鱼会游泳。
鲸鱼一般为胎生。
```

拨 开 迷 雾

在多继承中，当父类的方法同名时，子类调用哪个父类的方法?

在多继承中，有可能出现几个父类拥有同名的方法，那么在调用时，子类会调用哪个类的方法呢？

答案是在定义继承时，哪个父类在前就调用哪个父类的方法。因此我们看到，鲸鱼类同时继承 Fish 类和 Mammal 类，这两个父类都有 move()方法，由于 Fish 类在前，调用 move()方法时，调用的是 Fish 类中的方法。

在具体编程时，应尽量避免上述情况，因为这种情况极易发生混淆而产生逻辑错误。如果父类之间存在同属性或同方法，应尽量避免使用多继承，或者在子类中重写以避免混淆。

10.3　重写与调用

10.3.1　子类重写父类的同名属性和方法

子类可以继承父类的方法，但有时子类的属性或行为与父类不完全相同，即父类的属性或行为不适用于子类，这时子类可以重写父类的同名属性或方法，子类的实例在调用同名属性或方法时，会调用子类的，而非父类的。

【例】鸟类的活动方式是飞行，企鹅也是鸟类，但是不会飞，企鹅只会走路和游泳。

定义鸟类 Bird 为父类，鸟类具有方法 move()；定义企鹅类 Penguin 为 Bird 类的派生类，Penguin 类中重写 move()方法；生成 Penguin 类的实例，并调用 move()方法。具体代码如下所示。

```python
class Bird:
    '''鸟类'''

    def move(self):    # move()方法表示鸟类的行为
        print("Birds can fly. ")

class Penguin(Bird):
    '''企鹅类'''

    def move(self):    # move()方法表示企鹅类的行为
        print("Penguins can swim and walk. ")

p=Penguin()   # p 为 Penguin()对象
p.move()    # 调用 move()方法
```

程序的输出结果如下所示。

```
Penguins can swim and walk.
```

10.3.2　子类调用父类的同名属性和方法

当子类的属性或行为与父类不同时，子类可以重写父类的同名属性或方法。但有时，子类希望保留父类的功能，并对其进行扩展，在 Python 中应该如何实现呢？

Python 提供了 super()函数，该函数可用于调用父类的属性和方法，我们可以使用 super()函数对父类的同名方法进行调用，以避免使用重复代码，并在此基础上完成功能的扩展。如果需要在子类中调用父类的同名属性，用法与调用父类的同名方法相似。

【例】在智能手机的拨打和接通电话功能中增加视频通话功能。

智能手机相较于传统座机电话功能更强大，在拨打和接听电话时可以视频。创建 Telephone 电话类，给 Telephone 类定义拨打电话和接听电话的功能，创建手机类 Cellphone，Cellphone 类为 Telephone 类的派生类，在 Cellphone 类中扩展拨打电话和接听电话的功能：新增视频通话功能。具体代码如下所示。

```
class Telephone:
    '''电话类'''

    def dial(self):  # 拨打电话
        print("拨打电话。")

    def answer(self):  # 接听电话
        print("接听电话。")

class Cellphone(Telephone):
    '''手机类'''

    def dial(self):  # 重写父类的方法,拨打电话
        super().dial()  # 调用父类拨打电话的方法
        print("视频通话。")  # 新增视频通话

    def answer(self):  # 重写父类的方法,接听电话
        super().answer()  # 调用父类接听电话的方法
        print("视频通话。")  # 新增视频通话

c=Cellphone()  # c 为 Cellphone 类的对象
c.dial()  # 调用拨打电话方法
c.answer()  # 调用接听电话方法
```

程序的输出结果如下所示。

```
拨打电话。
视频通话。
接听电话。
视频通话。
```

10.4　多态

由于 Cellphone 类重写了 dial()函数，因此代码运行时，就会执行子类中的 dial()方法而不是父类中的 dial()方法，这就带来继承的另一个好处：多态。

多态，即指多种形式。多态意味着即使不知道变量的具体类型也能对对象进行操作，这使得我们可以动态决定对象的行为。

为了更好地理解多态，我们再深入了解一下数据类型。我们定义的类都是一种数据类型，这种自定义的数据类型和 Python 自带的数据类型（如列表、字典等）使用起来是一样的。

在 Python 中，我们可以使用 isinstance()函数来判断一个变量是否某个数据类型。使用方法如下所示。

```python
class Parent:
    '''父类'''
    pass  # pass 语句表示空语句,起占位作用

class Child(Parent):
    '''子类'''
    pass  # pass 语句表示空语句,起占位作用

p=Parent()  # p 为 Parent 类的对象
c=Child()  # c 为 Child 类的对象
print("p是否 Parent 类型:",isinstance(p,Parent))
print("p是否 Child 类型:",isinstance(p,Child))
print("c是否 Child 类型:",isinstance(c,Child))
print("c是否 Parent 类型:",isinstance(c,Parent))
```

程序输出结果如下所示。

```
p 是否 Parent 类型:True
p 是否 Child 类型:False
c 是否 Child 类型:True
c 是否 Parent 类型:True
```

由输出结果可知，Child 类型的变量 c 既是 Child 类型，又是 Parent 类型，而 Parent 类型的变量 p 只是 Parent 类型，不是 Child 类型。这是为什么呢？

因为 Child 类继承自 Parent 类，Child 类就像是 Parent 类的一种，所以 Child 类的实例 c 既是 Child 类型又是 Parent 类型。但是父类的实例不能认为是子类的类型，因为父类的实例中不包含子类扩展的属性和方法，所以 p 被认为是 Parent 类型但不是 Child 类型。

根据这个特性，我们可以将子类的实例传递给父类的变量。当调用父类的方法时，程序将根据变量的实际类型运行不同的方法。

【例】天气软件根据实际情况，显示不同的天气状况。

创建天气类 Weather，定义 show()方法用来显示天气状况。创建 Sunny 类和 Storm 类，二者均为 Weather 类的子类，在两个类中重写 show()方法。定义函数 show_weather()，参数为 Weather 类型，在该函数内，调用参数的 show()方法。

Weather 类、Sunny 类和 Storm 类的继承层次关系如图 10-1 所示。

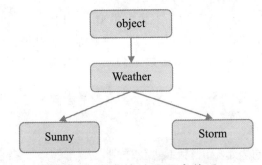

图 10-1　类的继承层次关系

三个类的完整代码如下所示。

```python
class Weather:
    '''天气类'''


    def __init__(self,temperature,wind=0):
        '''构造函数,初始化对象'''
        self.temperature= temperature   # temperature 表示温度
```

```
        self.wind=wind  # wind 表示风级

    def show(self):
        '''展示天气情况'''
        print("气温:",self.temperature,"℃")
        print("风级:",self.wind)

class Sunny(Weather):
    '''晴天天气'''

    def show(self):
        '''展示天气情况'''
        super().show()
        print("今天是个大晴天。")

class Storm(Weather):
    '''暴风雨天气'''

    def show(self):
        '''展示天气情况'''
        super().show()
        print("暴风雨天气。")

def show_weather(weather):  # 定义显示天气的函数,参数为天气类型
    weather.show()  # 显示天气情况

storm=Storm(22,8)  # 变量 storm 为 Storm 类型的对象
show_weather(storm)  # 将 storm 作为参数,调用显示天气的函数

sunny=Sunny(29,0)  # 变量 sunny 为 Sunny 类型的对象
show_weather(sunny)  # 将 sunny 作为参数,调用显示天气的函数
```

程序输出结果如下所示。

```
气温:22℃
风级:8
暴风雨天气。
```

```
气温:29℃
风级:0
今天是个大晴天。
```

由输出结果可见,调用同一个函数 show_weather(),由于传入的参数不同,执行的是不同的类中的 show()方法。对于同一个参数 weather,我们不需要知道传入的是哪种具体类型,就可以直接调用它的 show()方法。具体调用的是父类的 show()方法还是子类的 show()方法,由传入的参数动态决定。

现在,如果我们新增一个有雪天气类 Snow,也继承自 Weather 类,使用 Snow 类的实例作为参数,还能正常调用 show_weather()函数吗?是否需要做一些修改?在显示天气状况的示例代码基础上增加以下代码。

```python
class Snow(Weather):
    '''有雪天气类'''

    def show(self):
        '''展示天气情况'''
        super().show()
        print("今日有雪。")


snow=Snow(-1,1)
show_weather(snow)
```

输出结果如下所示。

```
气温:-1℃
风级:1
今日有雪。
```

当我们新增一个子类时,不需要对 show_weather()函数进行任何修改,只要确保子类的 show()方法正确即可,正是由于多态的这种特性,使得我们在开发时,只需要关注调用方式,不需要关注具体实现细节。这就是著名的"开闭"原则:对扩展开放,即允许 Weather 类新增子类;对修改关闭,即不需要修改依赖 Weather 类型的代码。

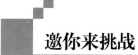

邀你来挑战　《《《《《《《《《《《《

使用手机拍摄的所有照片都在同一个相簿中，为了方便查找，可以将一些照片进行分类，设置一些新相册，将一些照片移到新相册中，移到新相册中的照片，在原相簿中也有备份。请定义一个相簿类 Album，实例属性为 photos，类方法为 delete()，实现删除某张照片的功能。

新建一个子类 ChildAlbum，继承 Album 类，子类用于表示新建的其他相册。在子类 ChildAlbum 中删除照片时，原相簿中的备份照片也将删除。参考代码如下所示。

```python
class Album:
    photos=["人物 1","风景 1","动物 1","全家福"]

    # 删除相簿中的照片
    def delete(self,photo):
        for item in Album.photos:
            if photo==item:
                Album.photos.remove(item)

class ChildAlbum(Album):
    def __init__(self):
        self.photos=["全家福"]

    # 先在本相册中删除照片,然后在原相册中删除照片
    def delete(self,photo):
        self.photos.remove(photo)
        print("本相簿中的照片已删除。")
        super().delete(photo)
        print("原相簿中的照片也已删除。")

    def get_photos(self):
        return self.photos
ca=ChildAlbum()
photo=ca.get_photos()[0]
ca.delete(photo)
```

第 11 章　面向对象高级编程

　　面向对象编程的过程就像我们认识世界的过程。世界上的任何东西都可以看成是对象，对象自身的特点对应的就是类的属性，对象的行为对应的就是类的方法。使用面向对象的方式编程，更符合我们的思维逻辑习惯。

　　在 Python 中，面向对象还有很多高级特性，这些高级特性能够让我们更深入地了解 Python 运行的机制，巧妙运用这些高级特性能实现更快捷的运算与管理功能。

11.1　属性查看 dir

在 Python 中如何查看一个对象有哪些属性和方法呢？

Python 提供了 dir()函数，它是 Python 的内置函数，使用 dir()函数可以获得一个对象的所有属性和方法。dir()函数的使用方法很简单，只需要将想查看的对象作为参数传递给函数即可，代码如下所示。

```
print(dir('123'))
```

运行程序，输出结果如下所示。

```
['__add__','__class__','__contains__','__delattr__','__dir__','__doc__','__eq__','__
format__','__ge__','__getattribute__','__getitem__','__getnewargs__','__gt__',
'__hash__','__init__','__init_subclass__','__iter__','__le__','__len__','__lt__
','__mod__','__mul__','__ne__','__new__','__reduce__','__reduce_ex__','__repr__
','__rmod__','__rmul__','__setattr__','__sizeof__','__str__','__subclasshook__
','capitalize','casefold','center','count','encode','endswith',
'expandtabs','find','format','format_map','index','isalnum','isalpha','
isascii','isdecimal','isdigit','isidentifier','islower','isnumeric','is-
printable','isspace','istitle','isupper','join','ljust','lower','lstrip',
'maketrans','partition','replace','rfind','rindex','rjust','rpartition',
'rsplit','rstrip','split','splitlines','startswith','strip','swapcase',
'title','translate','upper','zfill']
```

dir()函数的参数不仅可以是对象，还可以是类或者模块。

【例】定义一个 Rabbit 类，表示兔子，并定义 Rabbit 类的属性 ears 和 legs，再定义 hop()方法，然后把类作为 dir()函数的参数，并调用 dir()函数查看输出结果。

```
class Rabbit:
    ears="长长的耳朵"
```

```
    legs=4

    def hop(self):
        print("Rabbits can hop. ")

print(dir(Rabbit))
```

运行程序，输出结果如下所示。

```
['__class__','__delattr__','__dict__','__dir__','__doc__','__eq__','__format__',
'__ge__','__getattribute__','__gt__','__hash__','__init__','__init_subclass__',
'__le__','__lt__','__module__','__ne__','__new__','__reduce__','__reduce_ex__',
'__repr__','__setattr__','__sizeof__','__str__','__subclasshook__','__weakref__
','ears','hop','legs']
```

11.2 可视化与 hash

11.2.1 Python 中的可视化方法

现在，我们定义一个 Rabbit 类的对象，并将其打印，代码如下所示。

```
r=Rabbit()
print(r)
```

运行程序，输出结果如下所示。

```
< __main__.Rabbit object at 0x00A7E028>
```

输出的结果包含了类的名称以及内存地址，但是这却不是我们想看到的。我们希望使用 print 语句可以打印出一些有意义的文字，应该怎么操作呢？这就要用到 Python 中提供的可视化方法了。
Python 中常见的可视化方法有以下几种，见表 11-1。

表 11-1　Python 中常见的可视化方法

方法名称	方法含义
__str__(self)	调用 str()函数、format()函数及 print()函数时,需要返回对象的"非正式"或格式良好的字符串表达。可以在类中定义__str__()方法,该方法返回对象的字符串表达,返回值是一个字符串对象。如果一个类中没有定义__str__()方法,则会调用__repr__()方法返回对象的字符串表达,如果__repr__()方法也没有定义,则直接返回对象的内存地址
__repr__(self)	__repr__()方法返回一个对象的字符串表达。如果一个类中没有定义__repr__()方法,则直接返回对象的内存地址
__bytes__(self)	通过 bytes()函数调用以生成一个对象的字节串表达,__bytes__()方法返回一个 bytes 对象

【例】定义一个类,类名为 Tea,表示茶,在类中重写__str__()方法,然后将类的对象打印输出,输出内容为茶的名称、口感等信息。

```python
class Tea:
    '''定义一个茶类'''
    local="中国"  # 定义类变量 local,表示茶的归属地

    def __init__(self,name,taste):
        '''构造方法,完成对象的初始化'''
        self.name=name  # 对象属性 name,表示茶的名称
        self.taste=taste  # 对象属性 taste,表示茶的口味

    def __str__(self):
        '''返回一个对象的描述信息'''
        return self.name+ ",口感"+ self.taste+",产于"+self.local

t=Tea("菊花茶","清香")
print(t)
```

运行程序,输出结果如下所示。

菊花茶,口感清香,产于中国

11. 2. 2　hash

hash（哈希）函数是一种散列函数，它能够把任意长度的输入映射为等长度的输出，这个输出就被称为散列值。由此可见，hash 函数是一种压缩映射，输入的空间远远大于输出的空间，因此，不同的输入可能会产生相同的输出，我们把这种现象称为碰撞。

hash 算法经常用于信息安全方面，例如使用 hash 算法进行文件校验、数字签名、鉴权协议，等等。

在 Python 中，内置的数据类型中，数字类型（int、float 等）、字符串类型 str、元组类型 tuple 的对象都是可哈希的，因为它们都是不可变的数据类型。自定义类的对象默认也是可哈希的，哈希值为 id()，如果想要自定义对象的哈希值，则需要在类中重写__hash__()方法。当调用 Python 的内置函数 hash()时，将返回__hash__()方法的返回值。

一个对象如果具有可哈希性，则可以用作字典的键和集合的成员。

【例】定义一个 Flower 类，表示花朵，为 Flower 类添加__hash__()方法，代码如下所示。

```python
class Flower:
    '''定义一个花类'''

    def __init__(self,name,family):
        '''构造函数,完成对象的初始化'''
        self.name=name    # 对象的属性 name,表示花朵名称
        self.family=family    # 对象的属性 family,表示花朵所属科

    def __str__(self):
        '''返回对象的描述'''
        return self.name

    def __repr__(self):
        '''返回对象的描述'''
        return self.name

    def __hash__(self):
        '''返回花朵名称和所属科的 hash 值'''
        return hash(self.name+ self.family)

f1=Flower("向日葵花","菊科雏菊属")
```

```
f2=Flower("向日葵花","菊科雏菊属")
print(f1 is f2)    # 两个对象地址不同,所以返回 False
print(hash(f1),hash(f2))
print(f1,f2)
set1={f1,f2}
print(set1)
```

运行程序，输出结果如下所示。

```
False
1530254159 1530254159
向日葵花 向日葵花
{向日葵花,向日葵花}
```

由输出结果可知，当将具有相同名称和所属科的 Flower 对象放进集合中时，集合并没有去重，如果想要使 Flower 对象按照花朵名称和所属科去重，则需要在 Flower 类中重写__eq__()方法。实现代码如下所示。

```
def __eq__(self,other):
    '''判断两个对象的值是否相等'''
    return self.name==other.name and self.family==other.family
```

修改类后，再次运行以下代码。

```
f1=Flower("向日葵花","菊科雏菊属")
f2=Flower("向日葵花","菊科雏菊属")
print(f1 is f2)    # 两个对象地址不同,所以返回 False
print(hash(f1),hash(f2))
print(f1,f2)
set1={f1,f2}
print(set1)
```

运行程序，输出结果如下。

```
False
796752360796752360
向日葵花 向日葵花
{向日葵花}
```

由此可见，想要自定义对象的哈希值，则必须在类中重写__hash__()方法，而想要判断类的两个对象是否相等，则要重写__eq__()方法。

11.3　运算符重载

11.3.1　运算符重载和相关方法

运算符重载，就是对已有的运算符（如"＋""－""＊""/"等）重新定义，赋予其新的功能，使运算符能够适应各种不同的数据类型。

Python 中的数字类型的变量支持各种运算符操作，之所以使用运算符操作而不使用方法操作，是因为这样更符合我们在数学计算里的一些习惯。那么自定义类的变量是否也能使用这些运算符呢？

答案是肯定的。在自定义类中通过运算符重载能实现自定义类的实例使用运算符进行操作。

在 Python 中，Operator 模块为每个运算符提供了对应的特殊的方法，在自定义类中实现这些方法，就可以完成运算符的重载，类的对象就可以使用相应的运算符进行操作。运算符和对应的方法见表 11-2。

表 11-2　运算符及对应的方法

描述	运算符	对应方法	运算符	对应方法	运算符	对应方法
比较 运算符	<	__lt__(self，other)	<=	__le__(self，other)	==	__eq__(self，other)
	>	__gt__(self，other)	>=	__ge__(self，other)	!=	__ne__(self，other)
算术 运算符	＋	__add__(self，other)	－	__sub__(self，other)	＊	__mul__(self，other)
	/	__truediv__(self，other)	%	__mod__(self，other)	//	__floordiv__(self，other)
	**	__pow__(self，other)				
赋值 运算符	+=	__iadd__(self，other)	－=	__isub__(self，other)	＊=	__imul__(self，other)
	/=	__itruediv__(self，other)	%=	__imod__(self，other)	//=	__ifloordiv__(self，other)
	**=	__ipow__(self，other)				

11.3.2　运算符重载的应用实例

【例】 实现向量类的"＋""－"运算符重载。

在数学学科中，平面向量可以使用坐标表示，已知两个向量的加运算和减运算就是对应坐标分量的加运算和减运算。现在定义一个向量类 Vector，实例属性 x 和 y 分别表示一个向量的 x 坐标和 y 坐标，在 Vector 类中实现"＋""－"运算符的重载，使得 Vector 类的实例可以直接使用"＋""－"运算符完成向量的加、减运算。具体代码如下所示。

```python
class Vector:
    '''向量类'''

    def __init__(self,x,y):
        self.x=x   #  向量的 x 坐标
        self.y=y   #  向量的 y 坐标

    def __add__(self,other):
        '''加号重载,返回向量相加的结果'''
        return Vector(self.x+ other.x,self.y+other.y)

    def __sub__(self,other):
        '''减号重载,返回向量相减的结果'''
        return Vector(self.x-other.x,self.y-other.y)

    def __eq__(self,other):
        '''判断两个对象的值是否相等'''
        return self.x==other.x and self.y==other.y

    def __str__(self):
        '''返回向量对象的描述'''
        return "({},{})".format(self.x,self.y)

v1=Vector(5,8)
v2=Vector(7,6)
```

```
v3=v1+v2
v4=v1-v2
print("向量 v3 的坐标为:",v3)
print("向量 v4 的坐标为:",v4)
print(v3==v4)
```

运行程序，输出结果如下所示。

```
向量 v3 的坐标为:(12,14)
向量 v4 的坐标为:(-2,2)
False
```

11.4 容器化

11.4.1 容器化和相关方法

Python 中内置了很多容器类型，例如：字符串、列表、字典、集合、元组等。容器类型可以存放某些数据项的集合。

在 Python 中，想要检查一个对象的类型是不是容器类型，可以使用 isinstance ()函数。检验一个字符串的类型是否容器类型的代码如下所示。

```
from collections.abc import Container

if isinstance('ss',Container):
    print("字符串是容器类型")
else:
    print("字符串不是容器类型")
```

运行程序，输出结果如下所示。

```
True
```

Python 中的容器类型通常支持以下通用操作。

（1）支持数学运算符。例如，"＋"操作符用于拼接两个容器，"＊"操作符表示重复生成容器元素。

（2）支持成员运算符 in，not in。

（3）支持使用索引访问元素或为元素赋值，例如：list[1]＝5。

（4）支持内置函数 len()，用于返回容器的长度。

那么，如何模拟一个容器类型呢？

容器通常属于序列或者映射，如列表、元组、字典等。我们可以通过定义一些方法来创建容器类型。和容器相关的一些方法见表 11-3。

表 11-3 容器相关的方法

方 法	描 述
__len__(self)	调用内置函数 len()时，将调用此方法。该方法返回对象的长度，长度值为整数且不能小于 0
__getitem__(self，key)	使用索引访问元素时（例如，list[1]，dict[key]等），将调用此方法。对于序列类型，下标可以为整数或者切片对象，当下标超出范围时，应引发 IndexError 异常。对于映射类型，如果 key 不存在，则应引发 KeyError 异常
__setitem__(self，key，value)	使用索引赋值时（例如，list[1]＝5，dict[key]＝'value'等），将调用此方法。引发的异常与__getitem__()方法相同
__iter__(self)	此方法在对容器进行迭代时使用，此方法返回一个新的迭代器对象，这个迭代器对象将逐个迭代容器内的所有对象，对于映射，这个迭代器对象将逐个迭代容器内的所有键
__contains__(self，item)	当使用成员检测运算符 in 时调用此方法。如果成员属于容器，则返回真，否则返回假，对于映射类型，此检测应基于键
__missing__(self，key)	字典或者字典的子类在调用__getitem__()方法但找不到 key 时调用此方法

11.4.2 容器化的应用实例

【例】将商品收藏夹类改造成容器类型。

创建 Item 类为商品类，该类包含商品名称 name 和商品价格 price 两个实例属性，创建商品收藏夹类 Favorites，通过定义相关容器类方法，将 Favorites 类改造为容器类型。具体代码如下所示。

```python
class Item:
    '''商品类'''

    def __init__(self,name,price):  # 构造函数,初始化对象时调用
        self.name=name  # 设置商品名称
        self.price=price  # 设置商品价格

    def __repr__(self):  # 返回商品的描述
        return "商品名称:{},商品价格:{}".format(self.name,self.price)


class Favorites:
    '''商品收藏夹类'''

    def __init__(self):  # 构造函数,初始化对象时调用
        self.items=[]

    def __len__(self):  # 返回收藏的商品个数
        return len(self.items)

    def __setitem__(self,key,value):  # 使用索引为元素赋值
        self.items[key]=value

    def __iter__(self):  # 返回迭代器对象
        return iter(self.items)

    def __getitem__(self,index):  # 使用索引访问元素
        return self.items[index]

    def __add__(self,other):  # 加号重载
        self.items.append(other)
        return self

    def __repr__(self):  # 返回收藏夹内商品的描述
        return str(self.items)
```

```
favor=Favorites()
print("商品收藏夹内商品的数量为:",len(favor))
favor=favor+Item("洗衣液",58)+Item("清洁剂",34)
print("现在商品收藏夹内的商品为:",favor)
print("商品收藏夹内商品的数量为:",len(favor))
print("使用 for 循环迭代 Favorites 对象:")
for item in favor:
    print(item)
print("为商品收藏夹元素重新赋值。")
favor[1]=Item("洗发水",46)
print(favor)
```

输出结果如下所示。

```
商品收藏夹内商品的数量为:0
现在商品收藏夹内的商品为:[商品名称:洗衣液,商品价格:58,商品名称:清洁剂,商品价格:34]
商品收藏夹内商品的数量为:2
使用 for 循环迭代 Favorites 对象:
商品名称:洗衣液,商品价格:58
商品名称:清洁剂,商品价格:34
为商品收藏夹元素重新赋值。
[商品名称:洗衣液,商品价格:58,商品名称:洗发水,商品价格:46]
```

11.5　反射

11.5.1　反射和相关函数

我们在使用类的对象时,需要先声明并创建类的对象,然后才能调用其属性或者方法。

如果我们只知道类名和方法名,能否根据类名和方法名的字符串调用类的方法呢?想要实现这个功能就要用到 Python 中的反射机制了。

Python 中的反射机制可以实现以下几个功能，如图 11-1 所示。

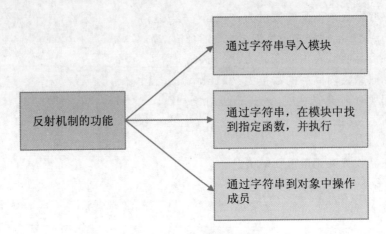

图 11-1　反射机制的功能

与反射机制有关的几个函数如下所示。

（1）hasattr()函数。该函数的功能为判断对象是否具有指定属性。其语法格式如下所示。

```
hasattr(object,name)
```

参数说明：
- object：表示对象。
- name：字符串类型，表示对象的属性名称。
- 返回值：如果对象有指定的属性，则返回 True，否则返回 False。

（2）getattr()函数。该函数返回对象指定的属性值，其语法格式如下所示。

```
getattr(object,name[,default])
```

参数说明：
- object：表示对象。
- name：字符串类型，表示对象的属性名称。
- default：可选参数，表示默认返回值。
- 返回值：对象指定属性的值。例如，getattr(x,"attr1")，等同于 x.attr1。如果指定的属性名称不存在，且提供了 default 值，则函数返回 default 值，否则报错。

（3）setattr()函数。该函数与 getattr()函数互相对应，为对象的指定属性赋值，如果指定属性不存在，则为对象创建一个新属性并赋值。其语法格式如下所示。

```
setattr(object,name,value)
```

参数说明：
- object：表示对象。

- name：字符串类型，表示对象的属性名称。
- value：表示属性值。
- 返回值：无。

（4）delattr()函数。该函数的功能为删除对象的指定属性。其语法格式如下所示。

```
delattr(object,name)
```

参数说明：
- object：表示对象。
- name：字符串类型，表示对象要删除的属性名称。
- 返回值：无。

11.5.2　反射的应用实例

【例】用户输入水果名称，程序输出相应的水果介绍。

定义一个水果类，水果类中定义三个方法，分别为 apples()，bananas()，oranges()，根据用户输入的水果名称调用相应的方法。具体代码如下所示。

```python
class Fruits:
    '''水果类'''

    def apples(self):
        print("Apples are round and red,they taste sweet. ")

    def bananas(self):
        print("Bananas are long and yellow,they taste nice. ")

    def oranges(self):
        print("Oranges are round and juicy,they taste good. ")


f=Fruits()   # 创建水果类的对象
print("What fruit do you like? Apples or bananas or oranges?")   # 打印提示语
name=input()   # input()函数获取用户输入的值,并将值传递给 name 变量
func=getattr(f,name.lower())   # 获取水果类对象的属性,并将其赋值给 func
func()   # 调用 func 对应的方法
```

程序输出结果如下所示，其中 bananas 为用户在控制台的输入。再次执行上面的程序，在控制台输入不同的水果名称，看看输出结果会有什么不同吧。

```
What fruit do you like? Apples or bananas or oranges?
bananas
Bananas are long and yellow,they taste nice.
```

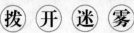

拨 开 迷 雾

实例方法名称也可以传递给 name 参数吗?

在反射相关的 4 个方法中,参数 name 表示属性名称,那为什么在应用实例中使用的是方法名称呢?

在 Python 中,一个类中定义的实例方法其实也是属性,实例方法实际上是一个函数对象。因此,以上 4 个方法中的参数 name,既可以是实例属性名,也可以是实例方法名。

11.6 上下文管理

11.6.1 上下文管理相关定义

在编写代码过程中,经常需要使用一些资源,例如文件对象、数据库连接等,这些资源使用完毕之后,需要关闭资源,如果不进行关闭,后续程序可能会报错。以文件对象为例,打开文件和关闭文件就是针对文件进行操作的上下文环境。

Python 中的上下文管理协议就是为代码块提供上下文环境,它包括初始化操作和清理操作,即使代码块发生异常,清理操作也会被执行。

如果一个类中实现了__enter__()方法和__exit__()方法,那么那个类就支持上下文管理协议。其中__enter__()方法实现初始化操作,返回上下文对象,__exit__()方法实现清理操作,如图 11-2 所示。

支持上下文管理协议的对象就是上下文管理器。

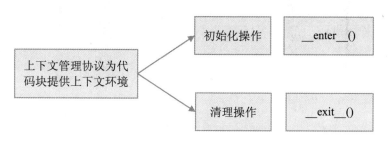

图 11-2 上下文管理协议

11.6.2 with 语句

上下文管理器可以使用 with 语句操作，with 语句的语法格式如下所示。

```
with expression as target:
    with-body
```

语句说明：
• expression：表示一个表达式，表达式的值为一个上下文管理器。

• target：表示一个变量，用于保存 expression 的值。

• with-body：表示 with 语句体。

如果一个对象想使用 with 语句操作，则该对象必须支持上下文管理协议。

with 语句执行时，首先计算 expression 的值，该值为一个上下文管理器，接着调用上下文管理器的__enter__()方法，然后将__enter__()方法的返回值赋值给 target 变量，接着程序会执行 with-body 部分，最后调用上下文管理器的__exit__()方法。with 语句的执行顺序大致如图 11-3 所示。

【例】创建类 MyContext，实现__enter__()方法和__exit__()方法，使其支持上下文管理协议，并使用 with 语句操作 MyContext 对象。具体代码如下所示。

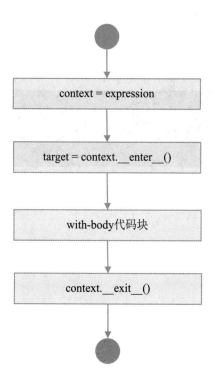

图 11-3 with 语句的执行顺序

```
class MyContext(object):
    '''上下文管理器'''

    def __init__(self,*args):  # 构造函数,完成对象的初始化
        self.__data=args

    # with 语句的表达式求值结束后调用此方法
    def __enter__(self):
        print("__enter__")
        return self.__data  # 不一定要返回上下文对象自身

    # with 语句的 with-body 语句块执行完毕后调用此方法
    def __exit__(self,exc_type,exc_value,traceback):
        if exc_type:  # 发生异常,显示并拦截
            print("Exception:",exc_value)
        print("__exit__")
        return True  # 阻止异常向外传递

with MyContext(1,2,3) as data:  # 将__enter__()返回的对象赋给 data
    print(data)
```

程序输出结果如下所示。

```
__enter__
(1,2,3)
__exit__
```

上下文管理协议的用途很广，例如为代码块提供打开、关闭文件的操作，为代码块提供数据库连接、关闭连接的操作，等等。而使用 with 语句操作上下文管理器，能够使主程序代码更简洁、优雅。

 **编程宝典** ●●●●

使用上下文管理器的好处

使用上下文管理器具有以下好处。

（1）使用上下文管理器可以提高代码的复用率。

（2）使用上下文管理器可以使代码更简洁优雅。

（3）使用上下文管理器可以提高代码的可读性。

邀你来挑战　《《《《《《《《《《《

到医院里看病需要先进行挂号，请你尝试将挂号系统中的号码改为容器类型，并实现运算符"＋""－""＝＝"的重载。其中，"＋"运算符表示新增一个就诊号，"－"运算符表示一个就诊号完成看诊，"＝＝"表示两个就诊号对应的是同一个人。具体代码如下所示。

具体代码如下所示。

```python
class RegisterNum:
    '''就诊人信息'''

    def __init__(self,name,section,num):  # 构造函数,初始化对象时调用
        self.name=name  # 设置就诊人姓名
        self.section=section  # 设置就诊科室
        self.num=num  # 设置就诊号

    def __repr__(self):  # 返回就诊人的信息
        return "就诊号:{},就诊人姓名:{},就诊科室:{}".format(self.num,self.name,self.section)

    def __eq__(self,other):  # 判断两个就诊信息是否同一个人
```

```python
        return self.name==other.name and self.section==other.section and
self.num==other.num

    class Register:
        '''挂号类'''

        def __init__(self):    # 构造函数,初始化对象时调用
            self.nums=[]

        def __len__(self):    # 返回就诊号的个数
            return len(self.nums)

        def __setitem__(self,key,value):    # 使用索引为元素赋值
            self.nums[key]=value

        def __iter__(self):    # 返回迭代器对象
            return iter(self.nums)

        def __getitem__(self,index):    # 使用索引访问元素
            return self.nums[index]

        def __missing__(self,key):    # 字典和 set 找不到 key 时调用此方法
            return "Key={}".format(key)

        def __add__(self,other):    # 加号重载,此类中表示新添加一个就诊号
            self.nums.append(other)
            return self

        def __sub__(self,other):    # 减号重载,表示医生看完一个就诊号
            for item inself.nums:
                if item==other:
                    self.nums.remove(item)
                    return self
            return self

        def __repr__(self):    # 返回所有待诊人信息的描述
```

```
        return str(self.nums)

r=Register()
print("现在还有{}个待诊号。".format(len(r)))
print("新增 3 个就诊号。")
r=r+RegisterNum("李萌萌","内科",1)+RegisterNum("张明","外科",2)+RegisterNum
("王磊","消化科",3)
print("待诊人员信息为:")
for item in r:
    print(item)
print("待诊人数为:",len(r))
print("请就诊号{}号:{}就诊".format(r[0].num,r[0].name))
r=r-r[0]
print("现在待诊人员信息为:",r)
```

第 12 章　异常与调试

　　在运行程序时，如果编写的代码不符合 Python 的语法规则或者运行过程中出现了其他错误，导致程序出现异常，如果开发者不对异常进行处理，程序将终止运行，这种方式很不友好。理想的处理方式是，出现异常时，程序能够捕获异常并给出相应提示，确保程序正常执行完毕。

　　有些异常比较明显，例如一些语法类的异常，我们直接通过异常信息就能知道程序哪里出了问题；有些异常属于逻辑性错误的异常，程序可以正常运行但是结果跟预想的不一样，这时候就需要对程序进行调试，进一步查看问题出在哪里。

　　接下来就一起来认识异常和调试的相关内容吧。

12.1 异常处理

12.1.1 异常的基本概念

"异常"就是指在程序运行过程中，我们经常碰到的各种各样的错误。例如，在编写程序的过程中，将函数名或关键字敲错；在访问变量之前，没有定义变量等，这类错误多为语法错误，一般在开发阶段就能发现。例如，在使用 PyCharm 工具编写代码过程中，如果出现这类语法错误，PyCharm 将标注红色下划线进行提醒，将鼠标放置到红线处，还会出现错误提示，如图 12-1 所示。

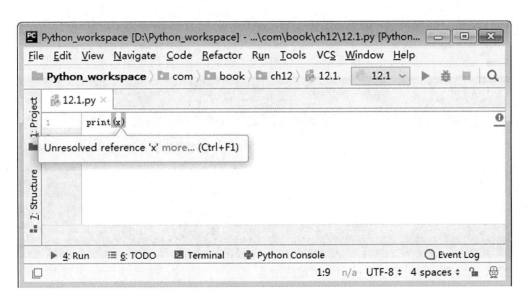

图 12-1 PyCharm 工具对语法错误的提示

上述错误比较明显，容易发现，还有一类错误，在开发时不容易被发现，程序运行时才会报错，这种隐式的错误，常常和使用者的误操作有关。

【例】计算员工工资。

某公司员工工资由基本工资和奖金组成，定义一个函数，函数功能为由用户输入基本工资和奖金，然后返回基本工资和奖金的和，最后在主程序中调用函数，打印员工的工资。如果用户输入基本工资 5000，奖金 6684.9，则打印出工资 11684.9。具体代码如下所示。

```python
def get_salary():
    '''计算工资函数,该函数返回实际工资'''
    base=float(input("请输入基本工资:"))   # 输入基本工资
    bonus=float(input("请输入奖金:"))   # 输入奖金
    return base+bonus   # 返回基本工资和奖金的和


salary=get_salary()
print("实际工资为:",salary)
```

运行程序，当输入基本工资 5000，奖金 6684.9 时，输出结果如下所示。

```
请输入基本工资:5000
请输入奖金:6684.9
实际工资为:11684.9
```

如果在输入奖金时，不小心多输入了一个字符，如 6684.9a，输出结果将如下所示。

```
请输入基本工资:5000
请输入奖金:6684.9a
Traceback(most recent call last):
  File "D:/Python_workspace/com/book/ch12/12.1.py",line 8,in <module>
    salary=get_salary()
  File "D:/Python_workspace/com/book/ch12/12.1.py",line 4,in get_salary
    bonus=float(input("请输入奖金:"))   # 输入奖金
ValueError:could not convert string to float:'6684.9a'
```

这个异常是在执行语句 float(input("请输入奖金:"))时产生的，由于输出的字符串无法转换成浮点数而产生了错误，由于产生了异常，其后的语句都不会再执行。

Python 中有很多异常，常见的各种异常见表 12-1。

表 12-1　Python 中常见的异常

异常名称	引起异常的原因
Exception	常规错误的基类
NameError	变量在访问前没有声明
AttributeError	对象没有这个属性
IOError	输入输出错误，例如要读取的文件不存在
IndexError	索引超出范围
KeyError	映射中没有此键
ValueError	传入的参数无效
SyntaxError	语法错误
SystemError	系统错误
TypeError	类型不合适
MemoryError	内存不足
ZeroDivisionError	除数为 0

12. 1. 2　try…except 语句

如果使用计算机时系统出现问题，计算机就死机，这会给我们带来很多不便，理想的情况是当计算机出现小问题时，给我们提示，然后计算机仍然可以继续运行。

我们写的程序也应当如此。程序出现异常时，将无法继续执行后面的代码，因此当出现异常时，需要将异常进行处理，确保程序能继续正常运行。

在 Python 中，处理异常最简单的方法就是使用 try…except 语句。

try…except 语句可以捕获并处理异常。在使用时，将可能产生异常的语句放在 try 子句中，把产生异常时的处理方法放在 except 子句中，try…except 语句的具体语法格式如下所示。

```
try:
    block1
except [ExceptionName]:
    block2
```

参数说明：

- block1：表示 try 子句，编写程序时，将可能产生异常的代码放于此处。
- ExceptionName：可选参数，表示要捕获的异常名称。
- block2：表示对异常进行处理的代码，可以输出提示信息或者抛出新异常等。

try…except 语句在执行时，将先执行 block1 语句块，如果没有出现异常，将直接通过整个 try…except 语句；如果在执行 block1 语句时出现异常，则执行 except 子句来处理异常，如图 12-2 所示。

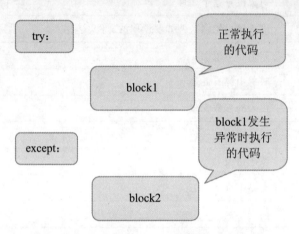

图 12-2　try…except 语句的执行规则

12.1.3　捕获指定异常类型

下面我们通过例子来看看如何通过 try…except 语句来捕获指定的异常类型吧。

【例】模拟计算器除法，当除数为 0 时捕获 ZeroDivisionError 异常并处理。

定义 div 函数，由用户输入被除数 x 和除数 y，函数最后返回 x/y 的值。当 y 为 0 时，输出"除数不能为 0"的信息。主程序中调用 div() 函数，然后打印计算结果。具体代码如下所示。

```python
def div():
    '''除法函数,返回 x/y 的值'''
    try:
        x=float(input("请输入被除数 x:"))  # 输入被除数
        y=float(input("请输入除数 y:"))  # 输入除数
        return x/y
    except ZeroDivisionError:
```

```
            print("除数不能为 0!")

    print("x/y的结果为:",div())
```

运行程序，输出结果如下所示。

```
请输入被除数 x:12.5
请输入除数 y:0
除数不能为 0!
x/y 的结果为:None
```

可见，当输入的除数为 0 时，异常由 try…except 语句捕获并打印出提示信息，而程序并没有终止运行。

12.1.4　捕获多个指定异常

本章 12.1.3 的示例通过 try…except 语句捕获并处理了一个异常，当一段代码中有多个异常时，应该怎么处理呢？ Python 提供的 try…except 语句也支持处理多个异常，语法格式如下所示。

```
try:
    block1
except [ExceptionName1]:
    block2
except [ExceptionName2]:
    block3
...
except [ExceptionNamen]:
    blockn
```

具有多个 except 子句的 try 语句，在发生异常时，会根据异常名称，执行对应的 except 子句，其他 except 子句不执行。也就是说，一个 try 语句可以有多个 except 子句，分别处理不同的异常，但最多只有一个 except 子句会被执行。

【例】优化模拟计算器除法的代码，当除数为 0 时捕获 ZeroDivisionError 异常并处理，当输入类型错误时捕获 ValueError 异常并处理。

现在对上例中的 div 函数进行改进，让它不仅需要处理 y 为 0 时的异常，还需处理输入类型不正确时的异常，具体代码如下所示。

```
def div():
    '''除法函数,返回 x/y 的值'''
    try:
        x=float(input("请输入被除数 x:"))   # 输入被除数
        y=float(input("请输入除数 y:"))   # 输入除数
        return x/y
    except ZeroDivisionError:
        print("除数不能为 0!")
    except ValueError:
        print("输入类型错误!")

print("x/y的结果为:",div())
```

在输入 y 值时，我们输入 5a，程序输出结果如下所示。

```
请输入被除数 x:13
请输入除数 y:5a
输入类型错误!
x/y的结果为:None
```

由输出结果可见，异常类型为 ValueError，因此只执行了 except ValueError 的分支语句。

当对不同的异常处理方式相同时，我们可以将不同的异常组成元组，放到同一个 except 子句中，使用这种方式时，只要异常可以匹配元组中的任意一个，就可以执行该 except 子句。例如，上例中的两个异常类型可以组成一个元组，放到同一个 except 子句中，具体代码如下所示。

```
def div():
    '''除法函数,返回 x/y 的值'''
    try:
        x=float(input("请输入被除数 x:"))   # 输入被除数
        y=float(input("请输入除数 y:"))   # 输入除数
        return x/y
    except(ZeroDivisionError,ValueError):
        print("错误提示:输入的不是数字类型或除数为 0!")

print("x/y的结果为:",div())
```

12.1.5　捕获所有异常

在实际开发过程中，有一些异常很难预测，还有一些异常没有明显的 Error 关键词或异常词。这种情况下，如果想捕获所有异常应该怎么操作呢？

我们仍然可以使用 try…except 语句，不过在 except 子句中，不指定具体异常名称。

【例】返回网络购物的购物车中的第一件商品。

定义函数 get_item()，函数功能为返回购物车中第一件商品名称。主程序中调用该函数，并捕获处理所有异常。具体代码如下所示。

```python
def get_item(trolley):
    print(trolley[0])


try:
    trolley=[]
    get_item(trolley)
except:
    print("Error!")
```

运行程序，输出结果如下所示。

```
Error!
```

捕获具体异常可以根据异常的不同，提供不同的解决方法；捕获所有异常，方便统一处理所有问题。实际应用过程中，选择捕获具体异常还是捕获所有异常，要具体问题具体分析，根据实际情况进行选择。

12.1.6　异常的捕获信息

如果程序中出现异常而不进行处理，程序将中断执行，并在控制台打印出异常信息。我们使用 try…exception 语句可以捕获异常，并对异常进行处理，防止程序因为出现异常而中断。在处理异常的过程中，一方面需要给使用者提示错误信息（例如，除数不能为 0），另一方面需要将异常的捕获信息记录、保存下来，方便我们查看异常的原因以便对代码进行改进。

那么，如何获取异常的捕获信息呢？

我们可以通过在 except 子句中使用 as e 的形式，获得异常的捕捉对象，通过异常对象 e，可以获取真正的异常信息。

注意，这里的 e 就像一个别名，也可以使用其他字符串，不过一般使用 e 来表示。

【例】捕获异常，并记录异常的具体信息。

定义函数 get_item()，函数功能为返回购物车中第一件商品名称。主程序中调用该函数，并捕获异常，将具体异常信息打印输出。具体代码如下所示。

```python
def get_item(trolley):
    print(trolley[0])


try:
    trolley=[]
    get_item(trolley)
except IndexError as e:
    print("Error!")
    print(e)
```

程序输出结果如下所示。

```
Error!
list index out of range
```

·····● 编程宝典 ●·····

打印异常的路径信息

在打印异常信息的例子中，程序打印出了出现异常的原因：索引超出了范围，但是并没有打印出现错误的路径信息。路径信息可以帮助我们判断是哪条语句出现了问题，对我们复原和解决问题很有帮助。那么如何获取路径信息呢？

这就要用到 traceback 模块了。调用模块 traceback 的 print_exc()函数即可打印出异常的路径信息。

12.2   try…except…else 语句

在 try…except 子句中，如果 try 子句执行完毕，还想进行其他一些操作，怎么办呢？

Python 提供了另一种异常处理结构：try…except…else 语句，即在 try…exception 语句后添加 else 子句，其语法格式如下所示。

```
try:
    block1
except [ExceptionName]:
    block2
else:
    block3
```

当 try 子句在执行过程中没有发生异常时，执行 else 子句，如果 try 子句发生异常，则执行 except 子句，else 子句将不被执行，try…except…else 语句的执行规则如图 12-3 所示。

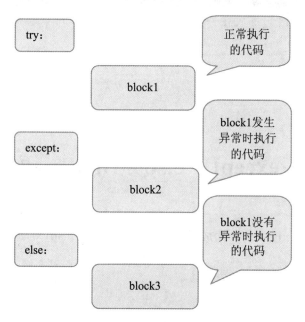

图 12-3   try…except…else 语句的执行规则

【例】某公司采购部新采购了一批办公桌，现在要通过设备管理系统将办公桌入库，顺利完成后，系统提示"设备入库成功"。

定义字典类型变量 equipment，键为设备名称，值为设备数量，由用户输入采购的办公桌数量，然后进行入库操作，成功后，打印"设备入库成功"。具体代码如下所示。

```python
equipment={'办公桌':50,'办公椅':60,"电脑主机":70,"电脑显示器":80}
try:
    print("办公桌数量为:",equipment['办公桌'])
    num=int(input("请输入购买的办公桌数量:"))
    equipment['办公桌']+=num   # 设备入库
    print("入库后,办公桌数量为:",equipment['办公桌'])
except:
    print("Error")
else:
    print("设备入库成功!")
```

输出结果如下所示。

```
办公桌数量为:50
请输入购买的办公桌数量:23
入库后,办公桌数量为:73
设备入库成功!
```

使用 else 子句比把所有语句都放在 try 子句中更合适，这样可以避免一些意料之外而又没有被 except 捕获的异常。

12.3   try…except…else…finally 语句

try 语句还可以添加 finally 子句，构成 try…except…else…finally 的形式。其语法格式如下所示。

```python
try:
    block1
except [ExceptionName]:
    block2
```

```
else:
    block3
finally:
    block4
```

　　try…except…else…finally 语句只是比 try…except…else 多了一个 finally 子句，无论 try 子句中的代码是否产生异常，finally 子句都会被执行，它的执行规则如图 12-4 所示。

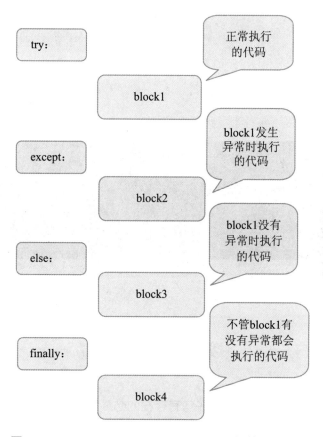

图 12-4　try…except…else…finally 语句的执行规则

　　如果程序中有一些必须执行的代码，那么可以把它们放到 finally 子句中。例如，可以在 try 语句中执行打开文件或者建立数据库连接的代码，然后在 finally 子句中执行关闭文件或数据库连接的代码，这样就可以保证将分配的有限的资源释放。

　　【例】对设备入库的代码进行升级，实现无论入库成功与否都输出文字"执行了一次设备入库操作"。具体代码如下所示。

```
equipment={'办公桌':50,'办公椅':60,"电脑主机":70,"电脑显示器":80}
try:
    print("办公桌数量为:",equipment['办公桌'])
    num=int(input("请输入购买的办公桌数量:"))
    equipment['办公桌']+=num   # 设备入库
    print("入库后,办公桌数量为:",equipment['办公桌'])
except:
    print("Error")
else:
    print("设备入库成功!")
finally:
    print("执行了一次设备入库操作。")
```

程序输出结果如下所示。

```
办公桌数量为:50
请输入购买的办公桌数量:23
入库后,办公桌数量为:73
设备入库成功!
执行了一次设备入库操作。
```

 拨 开 迷 雾

finally 子句有存在的必要吗?

初学者可能有这样的疑问:try 子句无论有没有异常,finally 子句都将执行,那么去掉 finally 子句,将 finally 子句的代码写在 try⋯except 语句之后,效果是不是一样呢?

答案是不一样的。当程序没有异常时,这样写可能没有区别。但是当 try 子句的代码发生异常,而 except 语句又没有捕获到时,如果不写 finally 子句,则代码无法执行,而使用了 finally 子句,则代码仍可以执行,因此 finally 子句很有必要。

12.4　程序调试

在编写程序过程中，出现错误是在所难免的。语法类的错误，一般在开发或运行时就能发现；而逻辑类的错误，常常出现结果和预想的不一样，一般也很难直接看出来，这就需要我们对程序进行调试，一句一句分析，找到错误原因。

多数的集成开发环境都支持程序调试，PyCharm 也具有这个功能。使用 PyCharm 进行调试的基本步骤如下。

（1）打开 PyCharm，新建名为 12.5 的 Python 文件，编写一段程序，以求和代码为例，如图 12-5 所示。

（2）设置和取消断点。在代码和行号中间单击鼠标，会出现一个红色圆点，红色圆点即为断点，再次点击断点，断点即被取消。

我们在第 8 行 result＝s(a,b) 处设置断点，如图 12-5 所示。

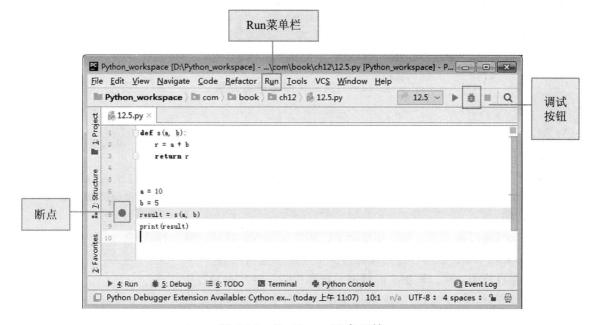

图 12-5　PyCharm 开发环境

设置断点后，在调试运行时，程序运行到断点处，会自动暂停，方便我们查看当前状态下各个变量的值。

（3）调试。开启调试有多种方法：①直接点击页面右上方的调试按钮；②点击上方"Run"菜单栏，在下拉框中选择 Debug'12.5'；③使用快捷键 Shift＋F9。

（4）点击调试按钮，开启调试，页面下方出现 Debugger 调试视图。程序运行到第 8 行时，自动暂停，可以在调试视图变量区查看当前各个变量的值，如图 12-6 所示。

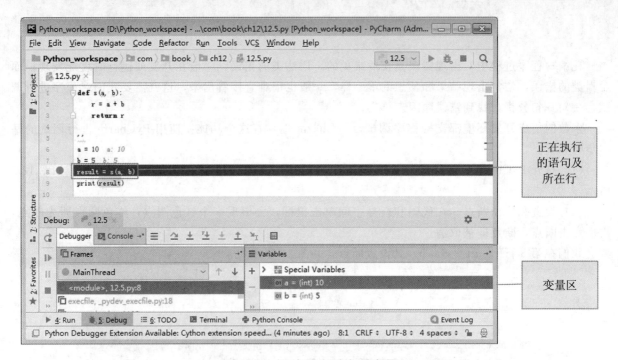

图 12-6　调试程序时查看变量

（5）点击"Run"菜单，出现下拉菜单，如图 12-7 所示。

下拉菜单中有以下几个常用功能。

①Stop'12.5'：表示停止运行，点击此菜单，程序将直接终止运行。

②Step Over：表示执行完成本语句，在本例中，将执行完第 8 行代码以及对应的函数部分，跳转到第 9 行代码。

③Step Into：表示进入本语句，在本例中，将进入函数，跳转到第 2 行代码。

④Resume Program：表示程序继续运行到下一断点或结束运行。

在调试程序过程中，可以根据实际情况，选择执行一种或多种操作。

你有没有注意到，在 PyCharm 的下拉菜单中，多个功能的右部都显示一组按键组合，这个按键组合有什么作用呢？

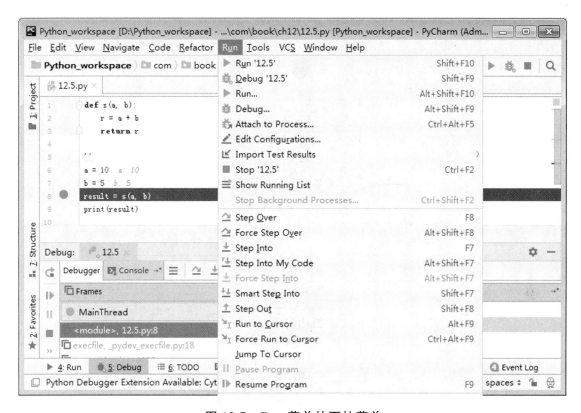

图 12-7　Run 菜单的下拉菜单

其实，PyCharm 的下拉菜单中的组合按键是对应不同功能的快捷键，例如，Run '12.5' 右部的组合按键是 Shift＋F10，那么在操作时，直接点击菜单或者使用 Shift＋F10 效果是一样的。记住常用功能的快捷键，能让我们的开发变得更加快速高效，也是成为专业开发人员的必备素质。

邀你来挑战 〈〈〈〈〈〈〈〈〈〈

现在，我们一起回顾一下 try 语句的所有形式：

（1）try…except。

（2）try…except…else。

（3）try…except…else…finally。

请你回想一下 try 语句中各个子句的执行流程，然后使用流程图记录下来吧。参考流程图如图 12-8 所示。

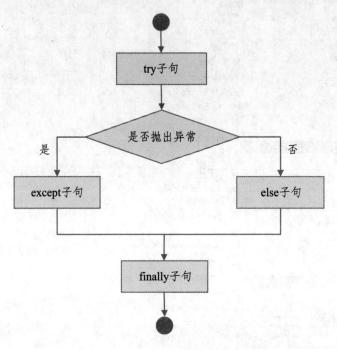

图 12-8　try 语句的执行流程图

第 13 章　模块与包

Python 中支持模块，每个 .py 文件都可以理解为一个模块。用户在编写程序时，不仅可以使用本模块中定义的类或函数等，也可以引入其他模块（Python 标准库中的模块或第三方模块），使用其他模块中的类或函数。这就使得用户在开发程序时可以将一个大的项目分解成多个小模块，由多人合作完成各个小模块中的功能，最后将小模块功能组合起来即可完成整个项目。

Python 中对包的支持可以避免模块的同名冲突。包就好像一个文件夹，可以理解为目录，不过每个包下都必须配有一个 __init__ . py 文件。

掌握模块与包的相关功能，可以提高我们开发程序的效率。

13.1 模块化

13.1.1 模块的基本概念

当我们在 Python 解释器中编写程序时,如果退出解释器,则定义的类、函数、变量等就都丢失了,不能重复利用,因此当编写较长的程序时,需要使用文本编辑器或其他集成开发环境(例如 PyCharm)来替代 Python 解释器,将程序写入文件中。

在 Python 中,一个扩展名为 .py 的源程序文件就是一个模块。

一般情况下,一个模块实现一类功能,编写好的模块可以直接被其他模块导入并使用,这就避免了不必要的代码重复,提高了代码的可重用性,也为多人合作完成项目提供了条件。

13.1.2 创建自定义模块

自定义模块,即由用户自己编写的模块。自定义模块可以规范代码,增强代码可读性并提高代码的可重用性,能够帮助用户提高开发效率。

自定义模块如何创建呢?

可以直接新建一个文本文件,并将扩展名改为 .py,然后将代码写入到文件中。

例如,我们新建一个名为 printnum.py 的文本文件,并将以下代码写入到文件中。

```
def print_pos_even(n):
    i=2;
    while(i<=n):
        print(i,end=' ')
```

```
        i+=2
    print()
def print_pos_odd(n):
    i=1;
    while(i<=n):
        print(i,end=' ')
        i+=2
    print()
```

这里函数 print_pos_even()的功能为打印不大于 n 的正偶数，函数 print_pos_odd()的功能为打印不大于 n 的正奇数。

我们也可以使用 PyCharm 来创建自定义模块。在 PyCharm 中创建模块之前，需要先创建一个项目，点击菜单 File，选择 New Project，这里我们创建一个名为 Test 的项目。然后在项目上右击鼠标，选择 New－＞Python File，输入名称 printnum，即可创建一个名为 printnum 的模块了，如图 13-1 所示。

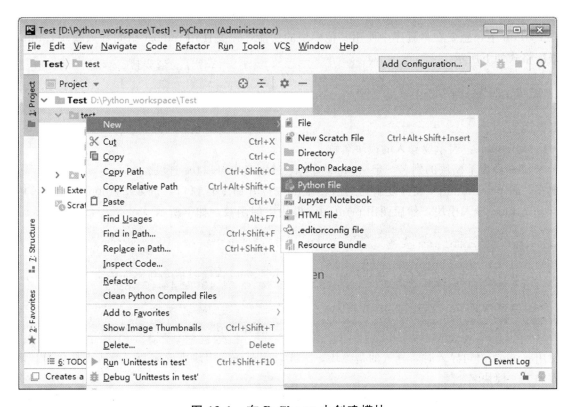

图 13-1 在 PyCharm 中创建模块

•••• **编程宝典** ••••

在自定义模块中进行测试

我们创建自定义模块后，通常需要对自定义模块中的函数进行测试，想要测试一个函数很简单，只需要调用函数查看是否与预期结果相同即可。但是如果自定义模块被其他程序引用，则测试的代码也会被引入进去并执行。因此，我们可以将测试程序放置在以下 if 语句块中：if __name__ == '__main__'，此语句如果为真，则表示当前脚本是主执行脚本，即只有在当前脚本是主执行脚本时测试代码才执行，这样就可以避免测试代码被其他程序引用时自动执行了。

13.1.3 使用 **import** 语句导入模块

在 Python 中，想要在本程序中使用其他模块的功能，需要使用 import 语句导入模块，import 语句的语法格式如下所示。

```
import modulename [as alias]
```

参数说明：
- modulename：表示要导入的模块名称。
- as alias：表示模块的别名，定义 alias 后，通过别名也可以访问模块。

现在，将 printnum.py 文件复制到当前目录下，打开命令行窗口，进入 Python 解释器，用命令 import printnum 导入模块，然后调用 printnum 模块中的函数，如下所示。

```
>>>import printnum
>>>printnum.print_pos_even(50)
2 4 6 8 10 12 14 16 18 20 22 24 26 28 30 32 34 36 38 40 42 44 46 48 50
>>>printnum.print_pos_odd(50)
1 3 5 7 9 11 13 15 17 19 21 23 25 27 29 31 33 35 37 39 41 43 45 47 49
```

使用 import 语句导入时，导入的是模块，因此，想要访问模块中的函数、类或者变量时，需要在其前面加上"模块名 ."。

如果模块名比较长，可以考虑为模块名设置别名，通过别名来访问模块中的函数、类或者变量。例如，我们为 printnum 设置别名 p，具体调用代码如下所示。

```
>>>import printnum as p
>>>p.print_pos_even(50)   # 通过别名 p 来访问函数 p.print_pos_even
2 4 6 8 10 12 14 16 18 20 22 24 26 28 30 32 34 36 38 40 42 44 46 48 50
>>>p.print_pos_odd(50)   # 通过别名 p 来访问函数 print_pos_odd
1 3 5 7 9 11 13 15 17 19 21 23 25 27 29 31 33 35 37 39 41 43 45 47 49
```

如果某函数用得比较频繁，也可以将函数赋值给局部变量，然后使用局部变量调用函数，代码如下所示。

```
>>>even= p.print_pos_even
>>>even(50)
2 4 6 8 10 12 14 16 18 20 22 24 26 28 30 32 34 36 38 40 42 44 46 48 50
```

使用 import 语句也可以一次导入多个模块，多个模块之间使用逗号"，"分隔开即可。

在 PyCharm 中导入模块的语法规则是一样的，但是在执行导入语句前，需要先将自定义模块所在的目录标记为资源目录（右击目录，选择菜单即可），如图 13-2 所示。

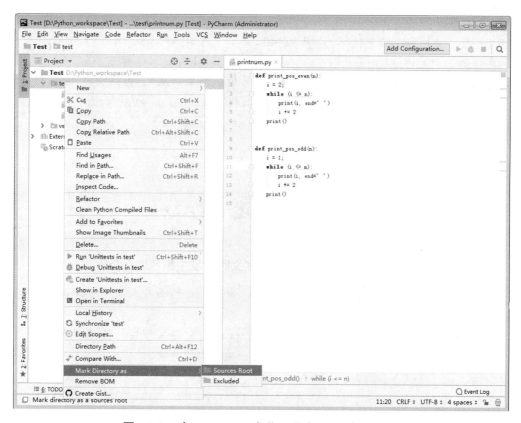

图 13-2 在 PyCharm 中将目录标记为资源目录

13.1.4　使用 from…import 语句导入模块

使用 import 语句导入模块时，使用模块中的变量和函数等，必须添加前缀"模块名."，使用起来不是很方便，因此 Python 还提供了 import 语句的变体形式：from…import，使用 from…import 语句导入模块后，使用模块中的变量或函数等，将不再需要添加前缀"模块名."。

from…import 语句的语法格式如下所示。

```
from modulename import member
```

参数说明：

• modulename：表示要导入的模块名称。

• member：表示要导入的类、函数或者变量等，如果同时导入多个定义，各个定义之间需要使用逗号","分隔，如果想要导入所有定义，可以使用通配符星号"*"。

使用 from…import 语句导入模块的具体代码如下所示。

```
from printnum import print_pos_even   # 导入 printnum 模块的 print_pos_even 函数
from printnum import*   # 导入 printnum 模块的全部定义(包括变量、函数和类)
# 导入 printnum 模块的 print_pos_odd 函数和 print_pos_even 函数
from printnum import print_pos_odd,print_pos_even
```

拨 开 迷 雾

使用 from…import 语句导入定义时，发生重名怎么办？

使用 from…import 语句导入模块的定义时，如果导入的函数或变量重名，则会发生冲突，后导入的定义会覆盖先导入的定义。

如果想同时保留两个定义，可以改为使用 import 语句导入模块，使用"模块名.定义名"的方式来访问函数或变量，使用这种方式可以避免同名冲突。

13.1.5　导入和使用标准模块

Python 提供了很多标准模块，这些标准模块功能强大，用户直接导入即可使用。Python 中常用的内置标准模块见表 13-1。

表 13-1　Python 中常用的标准模块

模块名	说　　明
sys	系统标准库，提供与 Python 解释器及其环境操作相关的功能
os	操作系统标准库，提供访问操作系统服务的各种功能
time	时间标准库，提供与时间相关的各种函数
calendar	日期标准库，提供与日期相关的各种函数
re	正则表达式标准库，用于对字符串进行正则表达式匹配和替换
logging	日志标准库，提供记录事件、错误、警告等日志信息的功能
math	数学运算标准库，提供各种算术运算函数

【例】使用 Python 提供的 math 标准库求一元二次方程的根。

math 标准库中包含函数 sqrt()，使用此函数可以求平方根。此例中，一元二次方程，是指形如 $ax^2+bx+c=0(a\neq 0)$ 的方程，由用户输入 a、b、c，然后程序输出方程根的值，具体代码如下所示。

```
import math

a=int(input("请输入 a 的值:"))
b=int(input("请输入 b 的值:"))
c=int(input("请输入 c 的值:"))
print("一元二次方程{}x^2+ {}x+{}=0 的根为:".format(a,b,c))
x1=(-b+math.sqrt(b*b-4*a*c))/(2*a)
x2=(-b-math.sqrt(b*b-4*a*c))/(2*a)
print(x1,x2)
```

输出结果如下所示。

```
请输入 a 的值:1
请输入 b 的值:4
请输入 c 的值:3
一元二次方程 1x^2+4x+3=0 的根为:
-1.0 -3.0
```

13.2 Python 程序打包

13.2.1 Python 程序的包结构

实际开发过程中,一个项目常常需要多人合作完成。每个人的命名习惯不同,很有可能出现同名的情况,如果把所有模块都放到同一个目录下,同名模块就容易产生冲突。而且随着项目文件变得越来越多,所有模块放到同一目录下将很难管理。因此在 Python 中,提出了包的概念。包其实就像我们的文件夹,可以有多层,它将一些相关的模块组织在一起,形成一个多层次的组织结构。包与普通文件夹不同的地方在于,每个包下面必须存在一个名为"__init__.py"的文件,例如,我们将本书的实例代码放在同一个项目下,每一章的实例代码放在同一个包中,其组织结构如图 13-3 所示。

13.2.2 打包工具

想要使用 Python 的模块时,可以将模块的源文件直接复制到当前目录下,然后导入模块即可使用。但是如果创建的模块想要被更多的项目使用或发布到网上,就需要将模块打包,这样其他人就可以像调用标准库或 Python 第三方库那样直接使用。

Python 的打包工具主要有以下几种,如图 13-4 所示。

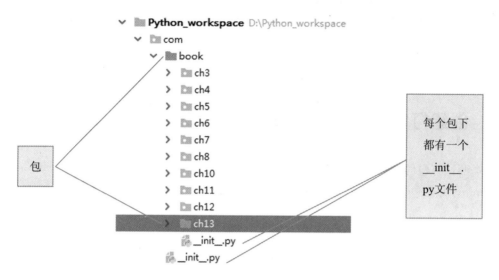

图 13-3　Python 程序的包结构

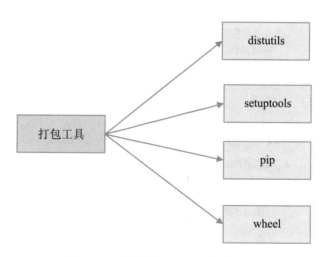

图 13-4　常用的 Python 打包工具

Python distutils 是 Python 的官方库，它使用 setup. py 来打包，目前已停止开发。setuptools 是 Python distutils 的增强版，是 Python 标准的打包分发工具。distutils 和 setuptools 都可以构建 egg 格式的包。pip 和 setuptools 类似，也是安装和管理 Python 包的工具。使用 pip 下载相关包十分方便，它不仅会下载需要的包，同时也会下载相关依赖的包。wheel 提供 bdist_wheel 作为 setuptools 的扩展命令，它可以构建 wheel 格式的包。

打包既可以在命令行窗口中进行，也可以在 PyCharm 中进行。在 PyCharm 的下方点击 Terminal（终端），打开终端窗口，就可以像在命令行窗口中一样输入命令，这里的终端窗口与命令行窗口使用起来是一样的。

13.2.3　创建打包项目和打包文件

新建一个测试打包的项目，命名为 setup_project，项目下有两个包，分别为 src 和 docs，在 src 下创建包 demo，并在包 demo 下创建模块 test. py，test. py 中定义函数 test ()，test. py 的具体代码如下所示。

```
def test():
    print("test")
```

在根目录下创建 setup. py 打包文件。至此，该项目的目录结构如图 13-5 所示。

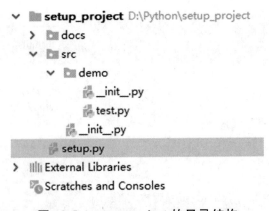

图 13-5　setup_project 的目录结构

setup. py 打包文件中定义了打包程序的相关信息，具体代码如下所示。

```
import os,shutil
from setuptools import setup,find_packages

# 移除构建的 build 文件夹
CUR_PATH=os.path.dirname(os.path.abspath(__file__))
path=os.path.join(CUR_PATH,'build')
if os.path.isdir(path):
```

```
    print('INFO del dir ',path)
    shutil.rmtree(path)


setup(
    name='setup_project',# 应用名
    author='chuhaoshu',
    version='0.1',  # 版本号
    packages=find_packages(),  # 包括在安装包内的 Python 包
    include_package_data=True,# 启用清单文件 MANIFEST.in,包含数据文件
    exclude_package_data={'docs':['1.txt']},  # 排除文件
    install_requires=['requests>=2.0.0',]  #  自动安装依赖
)
```

13.2.4 打包流程

打开命令行窗口（或打开 PyCharm 的 Terminal），进入 setup_project 项目所在目录，使用命令 python setup.py -help 查看帮助信息。如果提示"ModuleNotFoundError：No module named 'setuptools'"，则说明 setuptools 未安装，需要先下载 setuptools 并安装。由于 pip 是基于 setuptools 的，因此这里我们直接安装 pip，安装 pip 后，setuptools 也就安装好了。

这里以 Windows 操作系统为例，在 Windows 系统下安装 pip 的步骤如下所示。

第一步，用浏览器打开网址 https://bootstrap.pypa.io/get-pip.py，创建文件 get-pip.py，将网址中的全部内容复制到文件 get-pip.py 中。注意：Python 3.6 以后的版本使用此网址，之前的版本使用的网址为：https://bootstrap.pypa.io/pip/版本号/get-pip.py。

第二步，打开命令行窗口，进入到 get-pip.py 所在目录。

第三步，执行命令：python get-pip.py。

完成后，输入 pip -help 如果出现帮助信息，则说明安装成功，如图 13-6 所示。

```
C:\Users\Administrator> pip -help

Usage:
  pip < command> [options]

Commands:
  install           Install packages.
  download          Download packages.
  uninstall         Uninstall packages.
  freeze            Output installed packages in requirements format.
  list              List installed packages.
  show              Show information about installed packages.
  check             Verify installed packages have compatible dependen
cies.
  config            Manage local and global configuration.
  search            Search PyPI for packages.
  cache             Inspect and manage pip's wheel cache.
  wheel             Build wheels from your requirements.
  hash              Compute hashes of package archives.
  completion        A helper command used for command completion.
  debug             Show information useful for debugging.
  help              Show help for commands.
```

图 13-6　pip -help 的部分帮助信息

　　打包工具安装完成后，就可以开始打包了。在命令行窗口输入命令：python setup. py bdist_egg 开始打包。如果没有报错，则说明打包成功，打包完成后目录下新增了几个文件夹，用于存放打包过程中产生的文件。现在项目目录结构如图 13-7 所示。

　　项目文件夹下新增目录 dist（图 13-7），dist 是 distribution 的缩写，一般打包文件都存于此目录下。在本例中，dist 目录下新增 setup_project-0. 1-py3. 10. egg 文件，此文件即为 setup_project 项目的打包文件。其中 setup_project 表示项目名称，0. 1 表示项目版本号，py3. 10 表示 Python 的版本号。

```
∨  setup_project  D:\Python\setup_project
   ∨  build
         bdist.win32
      ∨  lib
         >  docs
         >  src
   ∨  dist
         setup_project-0.1-py3.10.egg
   >  docs
   ∨  setup_project.egg-info
         dependency_links.txt
         PKG-INFO
         requires.txt
         SOURCES.txt
         top_level.txt
   >  src
      setup.py
>  External Libraries
   Scratches and Consoles
```

图 13-7　打包完成后的目录结构

邀你来挑战　《《《《《《《《《《《

某城市的阶梯水价计算方法如下：第一阶梯，年用水量 220 吨（含）以下，每吨水价为 3.45 元；第二阶梯，年用水量 220～300 吨（含），每吨水价为 4.83 元；第三阶梯，年用水量 300 吨以上，每吨水价为 5.83 元。

请根据一户的年用水量计算该户的年水费，并将算法写入模块中，将程序打包分发，供其他项目调用。

计算水费的具体代码如下所示。

```python
def getCost(amount):
    '''根据用水量amount计算水费'''
    arr=[300,220,0]  # 阶梯用水量
    rat=[5.83,4.83,3.45]  # 阶梯价格
    price=0  # price用于存储水费值
    print("本户共用水{}吨".format(amount))
    for idx in range(0,3):
        if amount>arr[idx]:
            price+=(amount-arr[idx])*rat[idx]
            print("第{}阶梯用水量为:{}吨".format(3-idx,amount-arr[idx]))
            amount=arr[idx]
    print("本户共需缴水费{}元".format(price))
    return price
```

第 14 章　文件 I/O

在 Python 中，可以使用变量来存储数据，但是这种数据是存储在内存中的，当程序运行结束，数据占用的空间就会被释放，数据内容就会丢失。如果想要将数据长久地保存下来，可以使用文件存储数据，使用文件存储数据，数据将会被存储在磁盘中，即使程序运行结束，文件内容也不会丢失。

I/O 即指输入（input）和输出（output），Python 中内置了一些模块支持对文件进行读写操作，接下来就一起来看看在 Python 中如何对文件进行操作。

14.1 打开文件

14.1.1 open()函数

在 Python 中内置了文件（File）对象，我们对文件进行操作都需要使用 File 对象。那么如何获取 File 对象呢？在 Python 中可以使用内置的 open()函数来创建或者打开文件，从而得到文件对象。open()函数的语法格式如下所示。

```
file=open(filename[,mode[,buffering]])
```

参数说明：

• file：表示被创建的文件对象。

• filename：字符串类型，表示要创建或打开的文件名称。如果是在当前路径下的文件，可以直接写文件名，否则需要指定完整路径。

• mode：可选参数，字符串类型，表示文件的打开模式，默认打开方式为只读模式，mode 参数的参数值见表 14-1。

• buffering：可选参数，表示读写文件时的缓存模式，值为 0 表示不缓存，值为 1 表示缓存，如果值大于 1，则表示缓冲区的大小（单位为字节）。默认值为 1。

表 14-1　文件的打开模式

mode 值	含　义	备　注
r	只读模式，文件的指针将会放在文件的开头	文件必须存在，否则会报错
rb	与 r 模式相同，不过打开文件时采用二进制格式打开	
r+	读写模式，打开一个文件后，可以读取也可以写入文件内容（写入内容将覆盖原内容），文件的指针将会放在文件的开头	
rb+	以二进制格式打开文件并采用读写模式，文件的指针将会放在文件的开头	

续表

mode 值	含　　义	备　　注
w	只写模式，文件只能写入	如果文件已存在，则将其覆盖，否则创建新文件
wb	与 w 模式相同，不过打开文件时采用二进制格式打开	
w+	写读模式，打开文件后，先将文件内容清空，然后再写入或读取	
wb+	与 w+模式相同，不过打开文件时采用二进制格式打开	
a	追加模式，文件指针将放在文件末尾，新内容将写入到已有内容之后，如果文件不存在，则创建新文件，追加模式只能写入	如果文件不存在，则创建新文件
ab	与 a 模式相同，不过打开文件时采用二进制格式打开	
a+	打开一个文件用于读取和追加，文件指针将会放在文件末尾。如果文件不存在则将创建新文件	
ab+	与 a+模式相同，不过打开文件时采用二进制格式打开	

（资料来源：明日科技.《零基础学 Python》，2018.）

其实，文件的打开模式（表 14-1）即 r、w、a、b 的组合，r、w、a、b 表示的含义如图 14-1 所示。

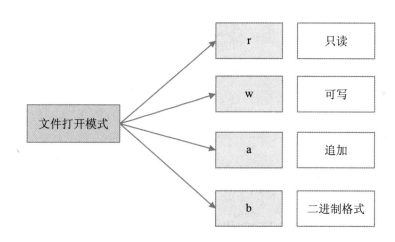

图 14-1　文件打开模式

文件默认是使用只读方式打开的，当文件不存在时，程序会报错，如下所示。

```
>>>open("1.txt")
Traceback(most recent call last):
  File "<stdin>",line 1,in <module>
FileNotFoundError:[Errno 2] No such file or directory:'1.txt'
```

如果将文件使用只写模式打开，当文件不存在时，将创建文件，如下所示。

```
>>>file=open("1.txt","w")
```

运行上述程序，可以发现在当前目录下新增了 1.txt 文档。

什么是缓存模式？

open()函数的 buffering 参数用于设置打开文件的缓存方式。缓存一般是指缓存到内存。计算机从内存中读取数据的速度要远远大于从磁盘读取数据的速度，但是内存容量却远小于磁盘的容量。因此，在读取文件时设置缓存区可以大大提高文件的读取速度，使用缓存区时数据的读取和写入方式如图 14-2 所示。

图 14-2　使用缓存区时的数据处理方式

14.1.2　以二进制形式打开文件

打开文件的模式中有一类是使用二进制的格式打开，什么类型的数据使用这种格式打开呢？一般来说，非文本文件使用二进制格式打开，例如图片、音频、视频等类型的文件。

【例】将一张图片放置在当前目录下，使用二进制格式打开，并输出文件类型。具体代码如下所示。

```
file=open("1.png","rb")
print(file)
```

运行程序，输出结果如下所示。

```
<_io.BufferedReader name='1.png'>
```

由输出结果可以看出，文件对象是 BufferedReader 类型，生成该对象后，可以使用此对象对图片进行处理。

14.1.3　指定编码格式

使用 open()函数打开文件时，默认使用 GBK 编码，如果文件的编码格式不是 GBK，可能会抛出编码异常。

使用 open()函数打开文件时也可以指定编码格式，在同一个项目中，指定相同的编码格式，可以避免产生编码异常。

打开使用 UTF-8 编码的文件，可以使用如下代码。

```
file=open("1.txt","r",encoding="utf-8")
print(file)
```

运行程序，输出结果如下所示。

```
<_io.TextIOWrapper name='1.txt' mode='r' encoding='utf-8'>
```

 # 14.2　关闭文件

14.2.1　使用 close()方法关闭文件

打开文件，文件操作完成后，需要及时关闭，否则可能会对文件造成破坏。关闭文件可以使用文件对象的 close()方法，close()方法的语法格式如下。

```
file.close()
```

file 为文件对象。打开文件然后关闭文件的代码如下所示。

```
file=open("1.txt","w")
print(file)
file.close()
```

在关闭文件时，close()方法会先刷新缓冲区中还没写入的信息，确保写入操作完成，再进行关闭。

14.2.2 使用 with 语句打开和关闭文件

文件打开处理完成后必须关闭，否则容易产生意想不到的问题。打开或者处理文件过程中，有可能产生异常，因此最好使用 try…except…finally 语句来完成文件的打开和关闭操作。使用 try 语句来打开文件的具体代码如下所示。

```
try:
    file=open("1.txt",'w')
    print(file)
except:
    print("文件处理异常")
finally:
    file.close()
```

使用 try 语句固然可以达到预期，但是代码十分烦琐。Python 中的文件对象实现了__enter__()方法和__exit__()方法，它是一个上下文管理器，因此我们可以使用 with 语句来打开和关闭 file 对象。

使用 with 语句，会自动调用文件对象的 close()方法，因此无论处理文件时是否发生异常，都能执行文件的关闭操作。使用 with 语句处理文件的代码如下所示。

```
with open("1.txt",'w') as file:
    print(file)
```

可见，使用 with 语句打开和关闭文件的代码更加简洁、优雅。

14.3　文件读写

14.3.1　写入文件

1. 使用文件对象的 write( )方法写入

使用 w 或 a 模式打开文件后，文件对象具有写的权限，可以向文件中写入内容。使用 w 模式打开文件，文件内容将被清空，写的内容将覆盖原有内容。使用 a 模式打开文件，原有内容不会丢失，新写入的内容将被追加到原有内容之后。

Python 中的文件对象具有 write()方法，可以将字符串写入文件，其语法格式如下所示。

```
file.write(string)
```

参数说明：
- file：表示被创建的文件对象。
- string：表示要写入的字符串。
- 返回值：表示写入的字符长度。

【例】使用 write()方法将古诗《游子吟》的内容写入"游子吟.txt"文件中。具体代码如下所示。

```
with open("游子吟.txt","w",encoding="utf-8") as file:
    file.write("        游子吟\n")
    file.write("      作者:孟郊\n")
    file.write("慈母手中线,游子身上衣。\n")
    file.write("临行密密缝,意恐迟迟归。\n")
    file.write("谁言寸草心,报得三春晖。\n")
```

运行程序，可以看到当前目录下新增名为"游子吟"的 txt 文件，文件内容如图 14-3 所示。

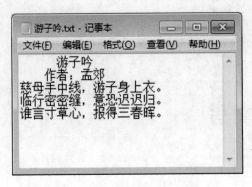

图 14-3　"游子吟.txt"文件

●●● 编程宝典 ●●●●●

将缓存内容写入磁盘文件

如果不是使用 with 语句打开文件对象，则完成文件写入操作后，一定要调用 close()方法关闭文件，否则内容无法真正写入到磁盘文件中。这是因为，Python 在处理 write()方法时，并不是直接将字符串写入磁盘，而是先写入缓存，在调用 close()方法时，才将缓存的内容写入到磁盘。也可以在写入操作完成后调用文件对象的 flush()方法将缓存内容写入磁盘。

2. 使用文件对象的 writelines()方法按行写入

除了 write()方法，文件对象还提供了 writelines()方法用于写入多行，其语法格式如下所示。

```
file.writelines([str])
```

参数说明：
- file：表示被创建的文件对象。
- [str]：表示字符串列表。
- 返回值：无。

【例】使用 writelines()方法将古诗《游子吟》的内容写入"游子吟.txt"文件中。具体代码如下所示。

```
with open("游子吟 .txt","w",encoding= "utf-8") as file:
    strlist=[]
    strlist.append("      游子吟 \n")
    strlist.append("     作者:孟郊 \n")
    strlist.append("慈母手中线,游子身上衣。\n")
    strlist.append("临行密密缝,意恐迟迟归。\n")
    strlist.append("谁言寸草心,报得三春晖。\n")
    file.writelines(strlist)
```

运行程序后，文本文件内容如图 14-3 所示。

14.3.2　读取文件

使用 r 模式打开文件后，就可以读取文件中的内容了。读取文件中的内容有以下 3 种方式，如图 14-4 所示。

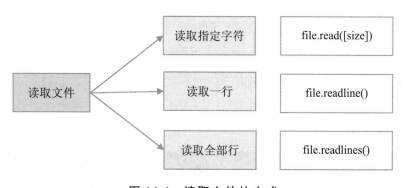

图 14-4　读取文件的方式

1. 读取指定字符

在 Python 中，可以使用文件对象的 read () 方法来读取字符。read () 方法的语法格式如下所示。

```
file.read([size])
```

参数说明：

- file：表示被创建的文件对象。
- size：可选参数，表示要读取的字符个数，默认将读取所有内容。
- 返回值：字符串类型，表示读取的字符串。

【例】1. txt 文件的内容为"Hello Python!",使用文件对象的 read()方法读取 1. txt 文件中的前 5 个字符。具体代码如下所示。

```
with open("1.txt","r") as file:
    string=file.read(5)
    print(string)
```

运行程序,输出结果如下所示。

```
Hello
```

当使用 read()方法,而不指定 size 时,将读取所有文件,修改代码如下。

```
with open("1.txt","r") as file:
    string=file.read()
    print(string)
```

运行程序,输出结果如下所示。

```
Hello Python!
```

需要注意的是,只有文件对象具有读取权限,才能够正常使用 read()方法,否则将报错,如下列代码所示。

```
with open("1.txt","w") as file:
    string=file.read()
    print(string)
```

运行程序,输出结果如下所示。

```
Traceback(most recent call last):
  File "D:/Python_workspace/com/book/ch14/14.3.1.2.py",line 2,in <module>
    string=file.read()
io.UnsupportedOperation:not readable
```

使用 r、r+或 rb+模式打开文件时,文件指针是指向文件开头的,读取文件时,按照文件指针的位置开始读取,如果想要从文件的中间开始读取应该怎么办呢?

file 对象的 seek()方法可以移动文件的指针。如果想从文件的中间开始读取,可以先调用 seek()方法,将文件指针移动到指定位置,然后再调用 read()方法读取文件。seek()方法的语法格式如下所示。

```
file.seek(offset[,whence])
```

参数说明:

• file:表示被创建的文件对象。

• offset：表示移动的字符个数。

• whence：可选参数，表示指针的开始位置，值为 0 表示从文件头开始，值为 1 表示从当前位置开始，值为 2 表示从文件末尾开始，默认值为 0。

【例】2.txt 文件的内容为"我爱北京天安门"，使用 seek()方法移动文件对象的指针，最终读出文字"天安门"。具体代码如下所示。

```
with open("2.txt","r",encoding= "utf-8") as file:
    file.seek(12)
    string=file.read(3)
    print(string)
```

运行程序，输出结果如下所示。

```
天安门
```

seek()方法中的字符个数

在 2.txt 中，文本文件内容为"我爱北京天安门"，要输出"天安门"，需要将指针移动 4 个字符，但是在示例程序中，参数 offset 的值却为 12，这是为什么呢？

原来，在 seek()方法中，对于中文字符，如果使用 UTF-8 编码，一个汉字将占用 3 个字符，如果使用 GBK 编码，则一个汉字占用 2 个字符。对于英文和数字，则无论使用哪种编码方式都是占用一个字符。

因此，上例中想移动 4 个汉字的位置，调用方式为 file.seek(12)。而 read()方法与 seek()方法不同，在 read()方法中，一个汉字为一个字符，因此我们想读出"天安门"，调用方式为 file.read(3)。

2. 读取一行

使用 read()方法读取文件时，如果文件很大，一次性读取容易占用太多内存，导致内存不足，因此 Python 还提供了 readline()方法用于读取一行，相比之下，readline()方法更加实用，其语法格式如下所示。

```
file.readline()
```

参数说明：

- file：表示被创建的文件对象。
- 返回值：字符串类型，表示读取的字符串。

【例】打印古诗。

文本文件"游子吟.txt"的内容为古诗《游子吟》的全部内容，使用 readline() 方法读出文件内容，并将文件内容输出到控制台。具体代码如下所示。

```python
with open("游子吟.txt","r",encoding="utf-8") as file:
    string=file.readline()
    print(string,end='')
```

运行程序，输出结果如下所示。

```
        游子吟
```

3. 读取全部行

Python 还提供了读取全部行的方法：readlines() 方法。读取全部行即读取全部内容，它与调用 read() 方法读取全部内容的作用类似，不过返回值不同：read() 方法返回的是一个字符串，而 readlines() 方法返回的是一个字符串列表（其中每个元素为一行内容）。

【例】使用 readlines() 方法读取"游子吟.txt"的文件内容并输出到控制台。

```python
with open("游子吟.txt","r",encoding="utf-8") as file:
    content=file.readlines()
    for line in content:
        print(line,end='')
```

运行程序，输出结果如下所示。

```
        游子吟
     作者:孟郊
慈母手中线,游子身上衣。
临行密密缝,意恐迟迟归。
谁言寸草心,报得三春晖。
```

14.4　目录操作

在操作系统中，文件夹可以拥有子文件夹，从而形成层级结构，构成目录。使用目录存储文件，便于用户查找和分类，是高效地管理文件的方式。在 Python 中进行目录操作可以使用 os 模块和 pathlib 模块。

14.4.1　os 模块

os 模块是 Python 的内置模块，os 模块以及 os 的子模块 os.path 都可用于对目录或文件进行操作。使用 os 或 os.path 模块之前，需要先使用 import os 语句导入模块。os 模块常用的变量见表 14-2。

表 14-2　os 模块常用的变量

变量名	含义
name	表示操作系统类型
linesep	表示操作系统的换行符
sep	表示操作系统所使用的路径分隔符

【例】导入 os 模块，查看当前操作系统的类型，当前操作系统的换行符以及路径分隔符。具体代码如下所示。

```
>>>import os
>>>os.name
'nt'
>>>os.linesep
'\r\n'
```

```
>>>os.sep
'\\'
```

本书的示例都是在 Windows 操作系统下完成的，"nt"表示的就是 Windows 操作系统。

os 和 os.path 模块还提供了一些操作目录的函数，具体见表 14-3。

表 14-3 os 和 os.path 模块提供的操作目录的函数

函　　数	描　　述	所属模块
getcwd()	返回当前的工作目录	os
listdir(path)	返回 path 路径下的文件和目录信息	
rmdir(path)	根据 path 删除目录	
removedirs(path1/path2……)	删除多级目录	
mkdir(path[,mode])	根据 path 创建目录	
makedirs(path1/path2…[,mode])	创建多级目录	
chdir(path)	把 path 设置为当前目录	
abspath(path)	获取 path 的绝对路径	os.path
exists(path)	判断 path 是否存在，存在返回 True，否则返回 False	
dirname(path)	从 path 中提取文件路径（不包括文件名）	
isdir(path)	判断 path 是否有效路径	
join(path,name)	将 path 代表的目录与 name 代表的目录或文件名拼接起来	
basename(path)	从 path 中提取文件名	

14.4.2　pathlib 模块

　　os 模块提供了大量与操作系统相关的功能，目录操作只是 os 模块的一部分。除了可以使用 os 模块操作目录，在 Python 中还可以使用 pathlib 模块操作目录，相比于 os 模块，pathlib 模块使用面向对象的编程方式来表示和操作文件系统路径。pathlib 模块提供了多种表示文件系统路径的类，主要分为两种，如图 14-5 所示。

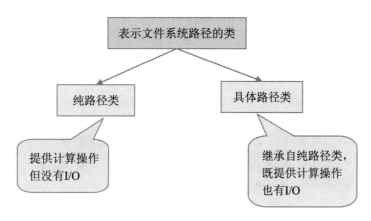

图 14-5　表示文件系统路径的类

pathlib 模块中最通用的就是 Path 类了。Path 类的一些属性及操作目录的方法见表 14-4。

表 14-4　Path 类的常用属性和方法

属性和方法	描　述
Path. parents	返回所有上级目录的列表
Path. parts	分割路径，并将结果以元组的形式返回
Path. root	返回根目录
is_dir ()	判断是否目录或文件，是返回 True，否则返回 False
exists ()	判断路径是否存在，存在返回 True，否则返回 False
open ()	打开文件
resolve ()	返回绝对路径
cwd ()	返回当前目录
iterdir ()	遍历目录的子目录
mkdir ()	创建目录
rename (newname)	将目录重命名为 newname
unlink ()	删除文件或目录
joinpath (*args)	将目录进行拼接
with_name (name)	返回一个新的路径并将名称修改为 name

【例】使用 Path 类进行目录的相关操作。具体代码如下所示。

```python
from pathlib import Path

v=Path.cwd()   # 获取当前路径
print(v)
print(v.parent)   # 获取当前路径的上级目录

paths=["test","test.txt"]
p=Path.cwd().parent.joinpath(*paths)   # 拼接路径
print(p)

# 在当前目录下创建 project\test 目录
Path('project/test').mkdir(parents=True,exist_ok=True)
# 将当前目录下的 1.txt 文件重命名为 project/test.txt
Path('1.txt').rename('project/test.txt')
```

运行程序，输出结果如下所示。

```
D:\Python_workspace\com\book\ch14
D:\Python_workspace\com\book
D:\Python_workspace\com\book\test\test.txt
```

除了输出结果，在当前目录下新增了 project\test 目录，当前目录下的 1.txt 文件重命名为 test.txt 并移动到 project 目录下。

●•••● **编程宝典** ●•••●

相对路径与绝对路径

当前目录是指当前文件所在的目录，相对路径即指相对于当前目录的路径。在项目中最好使用相对路径，这样当项目位置发生变化时，程序依然可以正常运行。绝对路径是指文件的实际路径，即在操作系统中所处的路径，路径一般从根目录开始。如果在程序中使用绝对路径，就需要考虑当项目位置发生变化时，如何更改路径信息。

邀你来挑战　«««««««

　　请将目录下扩展名为".jpg"的图片批量重命名，新名称为 1.jpg，2.jpg，3.jpg……具体代码如下所示。

```python
from pathlib import Path

# resolve()方法获取绝对路径,如果本身就是绝对路径,则可以不使用 resolve()方法
path=Path(r'\pic').resolve()
list_pic=list(path.glob('*.jpg'))   # glob()方法返回与模式匹配的路径
index=1
for img_path in list_pic:
    # name 为要设置的新名称,这里将名称设置为 1.jpg,2.jpg,3.jpg...
    name=img_path.with_name(str(index)+'.jpg')
    index+=1
    img_path.rename(name)  # 将 img_path 重命名为 name
```

　　运行代码后可以发现，图片名称已全部重命名。

«««««««

第 15 章　内置函数

　　Python 的内置函数是指 Python 中预定义好的函数，开发者可以直接使用。内置函数提供了常用的基础功能，例如用于打印输出的 print () 函数即是内置函数。类似 print () 的这种内置函数还有很多，掌握并使用 Python 提供的内置函数能够提高开发程序的效率，增强代码的可阅读性，让编程事半功倍。

15.1　函数式编程

函数式编程是一种抽象程度很高的编程范式。

函数中有参数和返回值。对于一个函数来说，如果输入是确定的，输出就是确定的，则我们称这个函数是没有副作用的；如果输入是确定的，但是输出不确定，则称这个函数是有副作用的。对于内部存在变量的函数，由于变量的不确定性，输出结果可能是不同的，因此内部存在变量的函数多为有副作用的函数。

纯粹的函数式编程语言编写的函数没有变量，是没有副作用的，并且它允许把函数本身作为参数传入另一个函数，也允许将一个函数直接返回。

Python 对函数式编程提供部分支持：支持把函数本身作为参数传入另一个函数，同时支持将一个函数直接返回。但是不同于纯粹的函数式编程，Python 允许使用变量。

15.2　内置普通函数

15.2.1　abs() 函数

abs() 函数返回数字的绝对值。其语法格式如下所示。

```
abs(x)
```

参数说明：

• x：数值类型，表示要取绝对值的数字。

- 返回值：x 的绝对值。

【例】使用绝对值函数分别求正数、负数的绝对值。具体代码如下所示。

```
x1=78.6
x2=-74
print("x1 的值为:{},绝对值为:{}".format(x1,abs(x1)))
print("x2 的值为:{},绝对值为:{}".format(x2,abs(x2)))
```

运行程序，输出结果如下所示。

```
x1 的值为:78.6,绝对值为:78.6
x2 的值为:- 74,绝对值为:74
```

15.2.2　round()函数

内置函数 round()返回浮点数的四舍五入值。其语法格式如下所示。

```
round(x [,n])
```

参数说明：

- x：数值类型，表示要取绝对值的数字。
- n：数值类型，表示要保留的小数位数。
- 返回值：x 的四舍五入值。

【例】将超市的某一账单金额进行四舍五入，保留小数位后一位。具体代码如下所示。

```
bill=146.82
print("账单金额为:{},四舍五入后的结果为:{}。".format(bill,round(bill,1)))
```

运行程序，输出结果如下所示。

```
账单金额为:146.82,四舍五入后的结果为:146.8。
```

●●●● **编程宝典** ●●●●

常用其他内置函数

Python 中的内置函数还有很多。常用的其他内置函数如下所示。

（1）input()：获取输入数据。

（2）len()：返回对象的长度或项目的个数。

（3）help()：查看函数或模块的介绍。

（4）max()：计算给定参数的最大值并返回。

15.3　内置高阶函数

这里我们将介绍 Python 内置的几个常用高阶函数，分别为：map() 函数，reduce() 函数和 filter() 函数，这些高阶函数对函数式编程提供部分支持。

15.3.1　map() 函数

map() 函数是一个映射函数，它根据提供的函数对指定序列做映射。其语法格式如下所示。

```
map(function,iterable)
```

参数说明：

- function：表示函数，函数用于提供映射方式。
- iterable：表示可迭代对象。
- 返回值：返回一个迭代器。

map() 函数中的参数 function 是一个函数对象，这个函数对象提供映射方式，针对 iterable 中的每个元素都提供一个映射，而 map() 函数则将 iterable 整个序列的映射结果组装为一个迭代器返回。

例如，现在有这样一个映射：针对元素 x，其映射为 2x，那么 function 的功能为给定参数 x，返回 $2*x$，而 map()函数则将 iterable 中的每个元素（x_1，x_2……x_n）对应的表示的函数映射（$2x_1$，$2x_2$……$2x_n$）组合成一个迭代器返回，如图 15-1 所示。

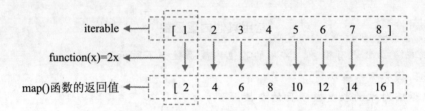

iterable

function(x)=2x

map()函数的返回值

图 15-1   map()函数根据 function 返回 iterable 的映射

【例】使用 map()函数获得序列 [1，2，3……8] 的映射结果（图 15-1）。具体代码如下所示。

```
def expand(x):  # 定义映射函数
    return 2 * x


nums=list(range(1,9))  # 定义列表 nums,内容为数字 1-8
# map 函数返回 nums 列表的映射,将映射转换为 list 类型,使用 result 保存
result=list(map(expand,nums))
print(result)
```

运行程序，输出结果如下所示。

```
[2,4,6,8,10,12,14,16]
```

这里 expand()函数只有一行代码，就是返回一个表达式的值，因此可以使用 lambda 表达式来简化代码，简化后的代码如下所示。

```
nums=list(range(1,9))   # 定义列表 num,内容为数字 1-8
# map 函数返回 nums 列表的映射,将映射转换为 list 类型,使用 result 保存
result=list(map(lambda x:2*x,nums))
print(result)
```

运行结果与之前相同，但是使用 lambda 表达式能使代码更简洁易懂。

15.3.2　reduce()函数

reduce()函数接收两个参数：其中一个参数为函数对象，另一个参数为可迭代对象。reduce()函数

功能与 map()函数功能不同，map()函数的功能是得到序列的映射，reduce()函数是对序列进行累积计算。其语法格式如下所示。

```
reduce(function,iterable[,initializer])
```

参数说明：

• function：表示函数，用于计算。

• iterable：表示可迭代对象。

• initializer：表示初始值。

• 返回值：返回函数计算结果。

function()函数接收两个参数，在 reduce()函数处理过程中，function()函数会先将 iterable 中的前两个元素作为参数，得到的结果将和第三个元素一起作为 function()函数的参数继续运算，然后再将结果和第四个参数一起作为 function()函数的参数继续运算，依次累积计算直到最后一个元素计算完毕，将返回值作为 reduce 的结果返回，reduce()函数的处理过程如图 15-2 所示。

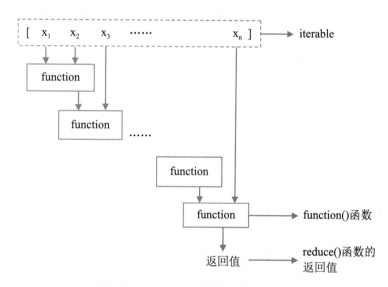

图 15-2　reduce()函数的处理过程

【例】生成一组序列 [2，4，6，8，10，12，14，16]，然后使用 reduce()函数针对这个序列的数据求和。reduce()函数在 functools 模块里，所以使用时需要导入模块，具体代码如下所示。

```
from functools import reduce


def fsum(x1,x2):  #  fsum 函数完成对参数求和的功能
    return x1+x2
```

```
list_num=list(range(2,18,2))    # 生成序列[2,4,6,8,...16]
result=reduce(fsum,list_num)    # 使用 reduce()函数对 list_num 序列的元素求和
print(result)
```

上述代码中的 fsum()函数可以使用 lambda 表达式来替代，使用 lambda 表达式的代码如下所示。

```
from functools import reduce

list_num=list(range(2,18,2))    # 生成序列[2,4,6,8...16]
# 使用 reduce()函数对 list_num 序列的元素求和
result=reduce(lambda x1,x2:x1+x2,list_num)
print(result)
```

运行程序，输出结果如下所示。

72

拨 开 迷 雾

map(), reduce() 和 MapReduce

你可能听说过 Hadoop 项目中的 MapReduce，那么它与 Python 中的 map() 函数、reduce()函数有什么关系呢？

map()函数和 reduce()函数是 Python 中的两个内置函数。MapReduce 是一种编程模型，于 2006 年被纳入 Hadoop 项目中，它适用于分布式计算，可以针对大数据进行处理。MapReduce 虽然与 Python 中的 map()函数和 reduce()函数没有直接的联系，但是二者的部分计算操作思想是相似的。

15.3.3 filter()函数

filter()函数是一个过滤函数，它有两个参数，一个参数为函数对象，另外一个参数为可迭代对象。filter()函数利用函数对象对可迭代对象进行过滤，将符合条件的结果返回。filter()函数的语法格式如下所示。

```
filter(function,iterable)
```

参数说明：
- function：表示函数对象，用于过滤。
- iterable：表示可迭代对象。
- 返回值：返回一个迭代器。

filter()函数中的参数 function 是一个函数对象，这个函数对象提供过滤条件，它将针对 iterable 中的每个元素进行过滤，满足条件返回 True，否则返回 False，filter()函数根据 function 的返回结果决定元素的去留。

例如，现在有一个序列，序列内容为 1 至 30 的整数，现在要在序列中筛选出 3 的倍数，则 function 的功能为如果元素值为 3 的倍数，则返回 True，否则返回 False，最终 filter()函数将结果为 True 的元素组合为可迭代对象并返回，如图 15-3 所示。

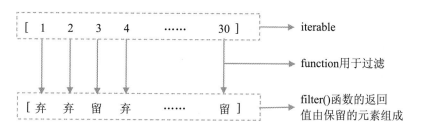

图 15-3　filter()函数的说明

【例】针对由 1 至 30 的整数数字组成的序列，使用 filter()函数筛选出 3 的倍数并输出。具体代码如下所示。

```
def filter_num(x):
    if x % 3==0:  # 如果是 3 的倍数,返回 True
        return True
    else:  # 不是 3 的倍数,返回 False
        return False


nums=list(range(1,31))  # nums 为 1-30 的列表
result=list(filter(filter_num,nums))  # 使用 filter 函数筛选 3 的倍数
print(result)
```

上述代码中的 filter_num()函数可以使用 lambda 表达式来替代，使用 lambda 表达式的代码如下所示。

```
nums=list(range(1,31))  # nums 为 1-30 的列表
result=list(filter(lambda x:not bool(x %3),nums))# 使用 filter 函数筛选
print(result)
```

运行程序，输出结果如下所示。

```
[3,6,9,12,15,18,21,24,27,30]
```

 ## 邀你来挑战 《《《《《《《《《《《

Python 中的内置函数 filter ()具有过滤功能，现有一列表，列表元素为整数，请利用 filter ()函数筛选出列表中的正整数。

参考代码如下所示。

```
def filter_num(x):
    if x>0:  # 如果大于 0,返回 True
        return True
    else:  # 否则返回 False
        return False


nums=list(range(-10,10))  # nums 为列表,列表元素为-10,-9……7,8,9
result=list(filter(filter_num,nums))  # 使用 filter 函数筛选正整数
print("筛选后的结果为:",result)
```

运行程序，输出结果如下所示。

```
筛选后的结果为:[1,2,3,4,5,6,7,8,9]
```

《《《《《《《《《《

第 16 章　字符串操作

　　字符串是 Python 中最常用的数据类型之一，针对字符串进行操作也是编程过程中经常需要解决的问题。Python 中内置了丰富的字符串方法，熟悉和掌握这些方法能让我们在开发过程中提高效率，减少错误，节省编程与维护的时间，帮助我们解决字符串的各种操作问题。

　　这里将介绍针对字符串进行各种操作的方法，例如：查找、修改、删除、判断，等等。

16.1 字符串查找操作

在 Python 中，对字符串进行查找操作常用三种方法：find()方法，index()方法和 count()方法，下面分别进行介绍。

16.1.1 find()方法

find()方法是用于查找的方法，其语法格式如下所示。

```
str.find(sub[,start[,end]])
```

参数说明：
- str：用于查找的字符串。
- sub：表示要查找的子串。
- start：可选参数，表示查找的起始索引，默认为 0。
- end：可选参数，表示查找的结束索引，默认为字符串长度。
- 返回值：如果字符串 str 中包含子串 sub，则返回子串的索引值，否则返回−1。

find()方法用于找到子字符串 sub 在切片 str［start：end］中的最小索引，如果找到则返回索引，未找到则返回−1。

【例】使用 find()方法在字符串 "abcdefg" 中查找 "def" 的索引值。

```
str="abcdefg"
sub="def"  # sub 表示要查找的子串
index=str.find(sub)
if index!=-1:  # 查找结果不为-1表示找到
    print("找到的索引值为:",index)
```

```
    print("子串{}在字符串{}中!".format(sub,str))

else:  # 结果为-1表示未找到
    print("索引值为:",index)
    print("子串{}不在字符串{}中!".format(sub,str))
```

运行程序，输出结果如下所示。

```
找到的索引值为:3
子串 def 在字符串 abcdefg 中!
```

16.1.2　index()方法

index()方法也是用于查找的方法，其语法格式如下所示。

```
str.index(sub[,start[,end]])
```

参数说明：
- str：用于查找的字符串。
- sub：表示要查找的子串。
- start：可选参数，表示查找的起始索引，默认为 0。
- end：可选参数，表示查找的结束索引，默认为字符串长度。
- 返回值：如果字符串 str 中包含子串 sub，则返回子串的索引值，否则引发 ValueError。

index()方法的功能与 find()方法的功能类似，也是在字符串切片 str［start：end］中查找子串 sub 的最小索引，它与 find()方法不同的是，如果未找到会引发 ValueError 异常。

【例】使用 index()方法在字符串"abcdefg"中查找"def"的索引值。

```
# 定义 print_index()函数,打印 sub 在 string 中的索引值
def print_index(string,sub):
    try:
        idx=string.index(sub)  # 使用 index()函数查找子串
    except ValueError as e:  # try 子句有异常时执行
        print(e)  # 打印错误信息
        print("子串{}不在字符串{}中!".format(sub,string))  # 输出信息
    else:  # try 子句没有异常时执行
```

```
            print("找到的索引值为:",idx)  # 打印索引值
            print("子串{}在字符串{}中!".format(sub,string))  # 输出信息


def main():  # 定义主程序
    string="abcdefg"  # 原字符串
    sub="def"  # sub 表示要查找的子串
    print_index(string,sub)  # 调用 print_index()函数
    sub="ca"  # 设置 sub 为 ca
    print_index(string,sub)  # 调用 print_index()函数


if __name__=='__main__':  # 如果当前模块是主执行模块
    main()  # 执行主程序
```

运行程序，输出结果如下所示。

```
找到的索引值为:3
子串 def 在字符串 abcdefg 中!
---------- 分割线----------
substring not found
子串 ca 不在字符串 abcdefg 中!
```

16.1.3 count()方法

count()方法用于统计子串出现的次数，其语法格式如下所示。

```
str.count(sub[,start[,end]])
```

参数说明：

- str：用于统计的字符串。
- sub：表示要查找的子串。
- start：可选参数，表示查找的起始索引，默认为 0。
- end：可选参数，表示查找的结束索引，默认为字符串长度。
- 返回值：返回子串 sub 在字符串 str 中出现的次数。

count()方法用于统计子串 sub 在字符串切片 str［start：end］中出现的次数，并将次数返回。

【例】使用 count ()方法在字符串"abcdefgdef"中查找"def"出现的次数。

```
str="abcdefgdef"
sub="def"  # sub 表示要查找的子串
num=str.count(sub)
print("子串出现的次数为:",num)
```

输出结果如下所示。

```
子串出现的次数为:2
```

●●●● 编程宝典 ●●●●

find ()、index ()、count ()方法与 in 运算符

find ()方法，index ()方法和 count ()方法都可用于查找，根据它们的结果都可判断出子串是否存在，但是它们的主要目的并不完全相同。find ()方法和 index ()方法都是为了找到子字符串的索引值，而 count ()方法的主要功能为统计子串出现的次数。

如果只是为了判断字符串 str 中是否包含子字符串 sub，可以不使用以上三种方法，而是使用 in 运算符，使用 in 运算符结果为布尔型。例如判断字符串"abcdefg"中是否存在子串"def"，可以使用如下代码。

```
str="abcdefg"
sub="def"  # sub 表示要查找的子串
if sub in str:
    print("{}是{}的子串".format(sub,str))
else:
    print("{}不是{}的子串".format(sub,str))
```

输出结果如下所示。

```
def 是 abcdefg 的子串
```

16.2 字符串修改操作

Python 中提供了丰富的对字符串修改的操作，如替换字符串，分割字符串，修改大小写格式，等等，下面一一进行介绍。

16.2.1 replace()方法

replace()方法用于替换字符串，其语法格式如下所示。

```
str.replace(old,new[,count])
```

参数说明：

- str：表示要进行替换的字符串。
- old：表示将被替换的旧子串。
- new：表示用于替换的新字符串。
- count：可选参数，表示最多替换的次数。
- 返回值：返回替换完成后的新字符串。

replace()方法返回字符串 str 的副本，在副本中使用 new 字符串替换前 count 个 old 子串。

【例】使用 replace()方法将字符串"abcdefgdef"中的"def"替换为"xyz"。

```
str="abcdefgdef"
old="def"   #  old表示要被替换的子串
newstr=str.replace(old,"xyz",1)
print("旧字符串为:",str)
print("替换后的字符串为:",newstr)
```

输出结果如下所示。

```
旧字符串为:abcdefgdef
替换后的字符串为:abcxyzgdef
```

16.2.2　split()方法

split()方法用于分割字符串，其语法格式如下所示。

```
str.split(sep=None,maxsplit=-1)
```

参数说明：
- str：表示要进行分割的字符串。
- sep：可选参数，字符串类型，表示分割符，默认值为 None，当值为 None 时，单个或者连续多个空格会被视为分割符。
- maxsplit：可选参数，表示最大分割次数，默认为－1。
- 返回值：返回分割后的字符串列表。

split()方法返回字符串 str 的副本，副本中使用 sep 作为分割符，对字符串 str 进行（最多）maxsplit 次分割，并将分割后的（最多）maxsplit＋1 个字符串列表返回。

【例】将中奖名单使用逗号分割并输出中奖人员信息。

某公司的年会使用电脑抽奖，电脑随机抽取六个员工姓名并以逗号分隔，组成一个字符串。现在将此字符串进行分割，并按照先后顺序发奖：一个一等奖，两个二等奖，三个三等奖。具体代码如下所示。

```
winners="李明明,张萌萌,王欣欣,谢朵朵,赵莹莹,孟芊芊"
winner_list=winners.split(",")    # 使用逗号分割,获得人员列表
print("一等奖:{}".format(winner_list[0]))
print("二等奖:{}".format(winner_list[1]))
print("二等奖:{}".format(winner_list[2]))
print("三等奖:{}".format(winner_list[3]))
print("三等奖:{}".format(winner_list[4]))
print("三等奖:{}".format(winner_list[5]))
```

输出结果如下所示。

```
一等奖:李明明
二等奖:张萌萌
二等奖:王欣欣
三等奖:谢朵朵
三等奖:赵莹莹
三等奖:孟芊芊
```

拨 开 迷 雾

当字符串 str 为空字符串时如何分割?

当 str 为空字符串或是由空格组成的字符串且 sep 为 None 时,返回的结果是空列表,即[]。当 str 为空字符串且 sep 不为 None 时,则返回空字符串列表,即['']。尝试使用程序进行操作并输出结果。程序代码如下所示。

```python
str=""
print("字符串为空字符串,分割符为 None,分割结果为:",str.split())
str="   "
print("字符串为空格组成的字符串,分割符为 None,分割结果为:",str.split())
str=""
print("字符串为空字符串,分割符为空格,分割结果为:",str.split(' '))
str="   "
print("字符串为空格组成的字符串,分割符为空格,分割结果为:",str.split(' '))
```

输出结果如下所示。

```
字符串为空字符串,分割符为 None,分割结果为:[]
字符串为空格组成的字符串,分割符为 None,分割结果为:[]
字符串为空字符串,分割符为空格,分割结果为:['']
字符串为空格组成的字符串,分割符为空格,分割结果为:['','','','']
```

16.2.3 join()方法

join()方法用于连接字符串,其语法格式如下所示。

```
str.join(iterable)
```

参数说明:

• str:字符串类型,表示连接符。

• iterable:可迭代对象,元素为字符串类型,元素用于连接。

• 返回值:返回连接后的字符串。

join()方法使用 str 作为连接符，将 iterable 中的元素进行连接并返回。

【例】使用三个星号"***"连接字符串序列。具体代码如下所示。

```
str="***"
strlist=["aa","bb","cc","dd"]
print(str.join(strlist))
```

输出结果如下所示。

```
aa***bb***cc***dd
```

16.2.4　capitalize()方法

capitalize()方法的语法格式如下所示。

```
str.capitalize()
```

参数说明：

• str：字符串类型，表示要进行操作的字符串。

• 返回值：返回首字母大写，其他字母小写的字符串。

capitalize()方法返回字符串 str 的副本，该副本首字母大写，其他字母小写。

【例】将姓名统一改为首字母大小，其他字母小写的格式。具体代码如下所示。

```
name_list=["lily","SAM","peter","robin","elsa"]  # name_list 为姓名列表
print("更改前的姓名列表:",name_list)
# 内置的 enumerate(sequence),为每个序列的项生成一个(index,item)元组
for index,item in enumerate(name_list):
    name_list[index]=item.capitalize()
print("更改后的列表(首字母大写,其他字母小写):",name_list)
```

运行程序，输出结果如下所示。

```
更改前的姓名列表:['lily','SAM','peter','robin','elsa']
更改后的列表(首字母大写,其他字母小写):['Lily','Sam','Peter','Robin','Elsa']
```

16.2.5　title ()方法

title ()方法的语法格式如下所示。

```
str.title()
```

参数说明：
- str：字符串类型，表示要进行操作的字符串。
- 返回值：返回一个字符串，字符串中每个单词的首字母大写，其他字母小写。

title ()方法返回字符串 str 的副本，该副本为 str 的标题版本，其中每个单词的首字母大写，其他字母小写。

【例】将文章标题"I love my country"改为每个单词的首字母大写，其他字母小写的格式并输出。具体代码如下所示。

```
t="I love my country. "
print("原标题为:",t)
t=t.title()
print("格式化后的标题为:",t)
```

运行程序，输出结果如下所示。

```
原标题为:I love my country.
格式化后的标题为:I Love My Country.
```

16.2.6　upper ()方法

upper ()方法的语法格式如下所示。

```
str.upper()
```

参数说明：
- str：字符串类型，表示要进行操作的字符串。
- 返回值：返回一个所有字母均为大写的字符串。

upper ()方法返回字符串 str 的副本，该副本为 str 的大写版本，其中所有字母均变为大写。

【例】将字符串中的所有字母变为大写。具体代码如下所示。

```
t="To be or NOT to be,that is the question. "
print("原字符串:")
print(t)
print("大写版本:")
print(t.upper())   # 输出字符串的大写版本
```

运行程序，输出结果如下所示。

```
原字符串:
To be or NOT to be,that is the question.
大写版本:
TO BE OR NOT TO BE,THAT IS THE QUESTION.
```

16.2.7　lower()方法

lower()方法与 upper()方法相对应，它返回字符串的小写格式。lower()方法的语法格式如下所示。

```
str.lower()
```

参数说明：
- str：字符串类型，表示要进行操作的字符串。
- 返回值：返回一个所有字母均为小写的字符串。

lower()方法返回字符串 str 的副本，该副本为 str 的小写版本，其中所有字母均变为小写。

【例】将字符串中的所有字母变为小写。具体代码如下所示。

```
t="To be or NOT to be,that is the question. "
print("原字符串:")
print(t)
print("小写版本:")
print(t.lower())   # 输出字符串的小写版本
```

运行程序，输出结果如下所示。

```
原字符串：
To be or NOT to be,that is the question.
小写版本：
to be or not to be,that is the question.
```

 拨 开 迷 雾

cpitalize ()、title ()、upper ()和 lower ()几个方法之间有什么区别？

cpitalize ()、title ()、upper ()和 lower ()几个方法的功能均是修改字符串的大小写格式，具体有什么区别呢？我们一起来总结一下吧。

cpitalize ()方法：只有字符串的首字母大写，其他均小写。

title ()方法：以空格来识别单词，每个单词的首字母大写，其余小写。

upper ()方法：所有的字母均大写。

lower ()方法：所有的字母均小写。

具体使用时，根据实际情况选择相应的方法。

16.2.8　ljust ()方法

ljust ()方法的语法格式如下所示。

```
str.ljust(width[,fillchar])
```

参数说明：
- str：字符串类型，表示要进行操作的字符串。
- width：表示返回的字符串长度。
- fillchar：可选参数，表示填充字符，默认为空格。
- 返回值：返回 str 的副本，其中 str 左对齐，右部进行填充。

ljust ()方法生成 str 的副本，在副本中，str 左对齐，右部使用 fillchar 进行填充，副本最终长度为 width。如果 width 的值小于等于 str 字符串的长度，则直接返回 str 的副本。

【例】统计网站（网站域名为虚构，仅作参考展示，下同）的日访问量，将网址和访问量分别列出。为了使格式统一，所有的数据都采用统一长度并左对齐。具体代码如下所示。

```
str1="websites"
str2="visits"
print(str1.ljust(60),str2.ljust(15))    # 通过 ljust()方法控制字符串长度
str1="http://www.lovepython.com"
str2="500000"
print(str1.ljust(60),str2.ljust(15))
str1="http://www.flyskyqq.com"
str2="48000"
print(str1.ljust(60),str2.ljust(15))
```

运行程序，输出结果如下所示。

```
websites                        visits
http://www.lovepython.com       500000
http://www.flyskyqq.com         48000
```

16.2.9　rjust()方法

rjust()方法与 ljust()方法相对应，rjust()方法靠右对齐，其语法格式如下所示。

```
str.rjust(width[,fillchar])
```

参数说明：
- str：字符串类型，表示要进行操作的字符串。
- width：表示返回的字符串长度。
- fillchar：可选参数，表示填充字符，默认为空格。
- 返回值：返回 str 的副本，其中 str 右对齐，左部进行填充。

rjust()方法生成 str 的副本，在副本中，str 右对齐，左部使用 fillchar 进行填充，副本最终长度为 width。如果 width 的值小于等于 str 字符串的长度，则直接返回 str 的副本。

【例】统计网站的日访问量，将网址和访问量分别列出。为了使格式统一，所有的数据都采用统一长度并右对齐。具体代码如下所示。

```
str1="websites"
str2="visits"
```

```
print(str1.rjust(60),str2.rjust(15))   # 通过 rjust()方法控制字符串长度
str1="http://www.lovepython.com"
str2="500000"
print(str1.rjust(60),str2.rjust(15))
str1="http://www.flyskyqq.com"
str2="48000"
print(str1.rjust(60),str2.rjust(15))
```

运行程序，输出结果如下所示。

```
                                        websites            visits
                       http://www.lovepython.com            500000
                        http://www.flyskyqq.com             48000
```

16.2.10　center()方法

center()方法与 ljust()方法和 rjust()方法相对应，不过，center()方法是居中对齐，其语法格式如下所示。

```
str.center(width[,fillchar])
```

参数说明：
- str：字符串类型，表示要进行操作的字符串。
- width：表示返回的字符串长度。
- fillchar：可选参数，表示填充字符，默认为空格。
- 返回值：返回 str 的副本，其中 str 居中对齐，两边进行填充。

center()方法生成 str 的副本，在副本中，str 居中对齐，两边使用 fillchar 进行填充，副本最终长度为 width。如果 width 的值小于等于 str 字符串的长度，则直接返回 str 的副本。

【例】统计网站的日访问量，将网址和访问量分别列出。为了使格式统一，所有的数据都采用统一长度并居中对齐。具体代码如下所示。

```
str1="websites"
str2="visits"
print(str1.center(60),str2.center(15))   # 通过 center()方法控制字符串长度
str1="http://www.lovepython.com"
str2="500000"
```

```
print(str1.center(60),str2.center(15))
str1="http://www.flyskyqq.com"
str2="48000"
print(str1.center(60),str2.center(15))
```

运行程序，输出结果如下所示。

```
                          websites                          visits
              http://www.lovepython.com                     500000
              http://www.flyskyqq.com                        48000
```

 # 16.3　字符串删除操作

对字符串进行删除操作主要用到以下三种方法：lstrip()方法，rstrip()方法和strip()方法，下面分别进行介绍。

16.3.1　lstrip()方法

lstrip()方法的语法格式如下所示。

```
str.lstrip([chars])
```

参数说明：
- str：字符串类型，表示要进行操作的字符串。
- chars：可选参数，表示要移除的字符，默认为空白符。
- 返回值：返回 str 的副本，并移除由指定字符组成的前缀。

lstrip()方法返回字符串 str 的副本，并移除由 chars 指定的字符组合前缀。需要注意的是，chars 可以由多个字符组成，lstrip()方法可以移除 chars 中各个字符的所有组合前缀。

【例】删除"分割线"前的"—"和"∗"字符。具体代码如下所示。

```
str='---- **** ------ 分割线----- *** ----------'
print(str.lstrip('-*'))   # 删除字符串中由*和-组成的前缀
```

运行程序，输出结果如下所示。

```
分割线----- *** ---------
```

16.3.2 rstrip()方法

rstrip()方法的语法格式如下所示。

```
str.rstrip([chars])
```

参数说明：
- str：字符串类型，表示要进行操作的字符串。
- chars：可选参数，表示要移除的字符，默认为空白符。
- 返回值：返回 str 的副本，并移除由指定字符组成的后缀。

rstrip()方法返回字符串 str 的副本，并移除由 chars 指定的字符组合后缀。需要注意的是，chars 可以由多个字符组成，rstrip()方法可以移除 chars 中各个字符的所有组合后缀。

【例】删除"分割线"后的"—"和"＊"字符。具体代码如下所示。

```
str='---- **** ------ 分割线----- *** ---------'
print(str.rstrip('-*'))   # 删除字符串中由* 和- 组成的后缀
```

运行程序，输出结果如下所示。

```
---- **** ------ 分割线
```

16.3.3 strip()方法

strip()方法的语法格式如下所示。

```
str.rstrip([chars])
```

参数说明：
- str：字符串类型，表示要进行操作的字符串。
- chars：可选参数，表示要移除的字符，默认为空白符。
- 返回值：返回 str 的副本，并移除由指定字符组成的前缀和后缀。

strip()方法返回字符串 str 的副本，并移除由 chars 指定的字符组合前缀和后缀。需要注意的是，chars 可以由多个字符组成，strip()方法可以移除 chars 中各个字符的所有组合前缀和后缀。

【例】删除"分割线"前后的"一"和"＊"字符。具体代码如下所示。

```
str='---- **** ------ 分割线----- *** ---------'
print(str.strip('-*'))   # 删除字符串中由*和-组成的前缀和后缀
```

运行程序，输出结果如下所示。

```
分割线
```

邀你来挑战　《《《《《《《《《《《

请使用星号"＊"打印出一个三角形，如图 16-1 所示。

```
        *
       ***
      *****
     *******
    *********
```

图 16-1　星号组成的三角形

　　三角形的第一排为 1 个星号，第二排为 3 个星号，第三排为 5 个星号……依次递增。可以使用循环依照规律构建星号串，并使用字符串变量 str 保存星号串。然后使用 center ()方法将星号串居中，并将星号串的长度设置为与最后一排等长，空位使用空格填补。最后将字符串打印输出即可，具体代码如下所示。

```
def print_stars(lines):
    w=(lines-1)*2+1  # w表示最后一行的宽度
    for index in range(0,lines):
        str=(index*2+1)*"*"  # 每行星号的个数为 index*2+1
        str=str.center(w,' ')  # 将星号居中,两边使用空格补齐,宽度为 w
        print(str)  # 打印每行星号


lines=5  # 一共打印 5 行
print_stars(lines)
```

Python 编程入门与项目应用

运行程序，输出结果如下所示。

```
        *
       ***
      *****
     *******
    *********
```

《《《《《《《《《

第 17 章　日期和时间

　　日期和时间无论是在日常生活中，还是在实际项目中，应用都十分广泛。例如，发布新闻消息需要显示日期和时间，生成日志需要保存事件发生时间，玩游戏、记账等也都需要记录时间。

　　Python 中提供了 datetime 模块来处理日期和时间，下面就一起来详细了解 datetime 模块的使用方法吧。

17.1　日期和时间处理模块 datetime

　　datetime 模块是日期（date）和时间（time）的结合体，包括日期和时间的所有信息。datetime 模块中提供了处理日期和时间的类，这些类不仅支持对日期和时间做数学运算，还可以高效地对日期和时间进行格式化输出。

　　datetime 模块提供了多个类（表 17-1）用于处理日期和时间，并定义了一些常量（表 17-2）。

表 17-1　datetime 模块中包含的类

类	说　　明
datetime. date	日期类，用于处理日期
datetime. time	时间类，用于处理时间
datetime. datetime	日期时间类，用于处理日期和时间
datetime. timedelta	时间间隔类，表示两个 date、time、datetime 实例之间的时间间隔
datetime. tzinfo	时区类，该类是时区相关信息对象的抽象基类
datetime. timezone	实现 tzinfo 基类的类，表示与世界标准时间（UTC）的固定偏移量

表 17-2　datetime 模块定义的常量

常　　量	说　　明
datetime. MINYEAR	值为 1，表示 date、datetime 的实例所允许的年份的最小值
datetime. MAXYEAR	值为 9999，表示 date、datetime 的实例所允许的年份的最大值

17.2　datetime 模块中的 datetime 类

17.2.1　datetime 类的构造方法

datetime 类与 datetime 模块同名，这个类表示日期时间类，用来处理日期和时间。可以使用 datetime 类的构造方法直接创建一个 datetime 类的对象，构造方法的语法格式如下所示。

```
datetime.datetime(year,month,day,hour=0,minute=0,second=0,microsecond=0,
tzinfo=None)
```

参数说明：

- year：表示年份，其值在 datetime.MINYEAR 与 datetime.MAXYEAR 之间。
- month：表示月份，其值为 1，2，3…12。
- day：表示日期，其值在 1 到指定年月的天数之间。
- hour：可选参数，表示小时，其值可以为 0，1，2，3…23，默认为 0。
- minute：可选参数，表示分钟，其值可以为 0，1，2，3…59，默认为 0。
- second：可选参数，表示秒，其值可以为 0，1，2，3…59，默认为 0。
- microsecond：可选参数，表示微秒，其值：$0<=microsecond<1000000$，默认为 0。
- tzinfo：表示时区，如果不为 None，则必须为 tzinfo 子类的一个实例。

datetime.datetime()方法为 datetime 类的构造方法，它根据指定的日期和时间创建一个 datetime 对象。

【例】为某网络商店生成活动时间。

使用构造函数创建一个 datetime 对象。具体代码如下所示。

```python
from datetime import datetime

dt=datetime(2021,6,18)   # 使用年月日创建 datetime 对象
print("商家活动时间为:",dt)
```

运行程序，输出结果如下所示。

```
商家活动时间为：2021-06-18 00:00:00
```

拨 开 迷 雾

datetime 模块与 datetime 类有什么区别？

由于 datetime 模块和 datetime 类的名字相同，所以可能你会有些分不清了，为什么 datetime 模块中还有 datetime 类呢？它们使用起来有什么不同？

定义模块时，一个模块可以有多个类，模块对应的就是 .py 文件的名字，而类对应的是在 .py 文件中定义的类的名字。具体使用时要看模块或者类提供了哪些函数或者方法。

17. 2. 2　datetime. now () 方法

datetime. now ()方法是 datetime 的类方法，用于获取当前的日期和时间。其语法格式如下所示。

```
datetime.now(tz=None)
```

参数说明：

• tz：表示时区，如果不为 None，则必须为 tzinfo 子类的一个实例。

• 返回值：返回一个包含当前日期和时间的 datetime 实例。

datetime. now ()方法为类方法，该方法返回包含当前日期和时间的 datetime 实例，如果指定了 tz，则会将日期和时间转化到 tz 时区。

【例】使用 datetime. now ()方法获取当前时间并输出。具体代码如下所示。

```
from datetime import datetime

dt=datetime.now()
print("当前时间为:",dt)
```

运行程序，输出结果如下所示。

```
当前时间为：2021-10-10 15:47:01.275827
```

17.2.3　datetime. today () 方法

datetime. today ()方法是 datetime 的类方法，返回包含当前日期和时间的 datetime 对象，它等同于不带 tz 参数的 datetime. now ()方法。因此，也可以使用 datetime. today ()方法来获取当前日期和时间。

17.2.4　datetime. strptime () 方法

datetime. strptime ()方法用于将字符串按照指定格式转化为时间对象，其语法格式如下所示。

```
datetime.strptime(date_string,format)
```

参数说明：

- date_string：字符串类型，表示时间的字符串。
- format：表示时间格式的字符串。
- 返回值：返回一个 datetime 对象。

datetime. strptime ()是 datetime 的类方法，它会根据字符串 date_string 和格式 format 创建一个 datetime 对象并返回。

日期可以按照指定格式输出，格式中的一些符号有特殊的含义，具体见表 17-3。

表 17-3　格式中常用符号及其含义

符　号	含　义	示　例
%a	当地工作日的缩写	英文中星期日的缩写为 Sun
%A	一星期中每日的完整名称	英文中星期日为 Sunday
%w	十进制显示的工作日	0—6 分别表示星期日到星期六
%d	使用十进制两位数表示月份中的每一天	01，02，…，31
%b	当地月份的缩写	Jan，Feb，…，Dec
%B	本地化的月份全名	January，February，…，December
%m	使用十进制两位数表示月份	01，02，…，12
%y	使用十进制两位数表示年份	00，01，…，99

续表

符　号	含　　　义	示　　　例
%Y	使用十进制四位数表示年份	0001，0002，…，9999
%H	使用十进制两位数表示小时（24 小时制）	00，01，…，23
%I	使用十进制两位数表示小时（12 小时制）	01，…，12
%p	本地化的 AM 或 PM	AM，PM
%M	使用十进制两位数表示分钟	00，01，…，59
%S	使用十进制两位数表示秒	00，01，…，59
%c	本地化的日期和时间表示	Mon Dec 14 15：25：00 2020
%x	本地化的日期表示	02/20/2020
%X	本地化的时间表示	18：20：00

【例】巴黎奥运会预计在 2024 年 7 月 26 日举行，请使用 datetime. strptime ()和 datetime. today ()方法设计一个奥运会倒计时。具体代码如下所示。

```
from datetime import datetime

#　dayOlympic 用来存储奥运会的日期和时间
dayOlympic=datetime. strptime('2024-07-26 0:0:0','%Y-%m-%d %H:%M:%S')
nowDate=datetime. today()  # nowDate 表示今天的日期和时间
# delta 为 datetime. timedelta 类的对象
delta=dayOlympic-nowDate
days=delta. days  # days 保存日期差的天数
hours=int(delta. seconds/60/60)  # hours 保存小时数
minutes=int((delta. seconds-hours*60*60)/60)  # minutes 保存分钟数
seconds=delta. seconds-hours*60*60-minutes*60  # seconds 保存秒数
print('距离 2024 年奥运会还有：'+ str (days) + '天 '+ str (hours) + '小时 '+ str
(minutes)+'分'+str(seconds)+'秒')
```

运行程序，输出结果如下所示。

```
距离 2024 年奥运会还有:880 天 0 小时 0 分 0 秒
```

17.2.5 datetime.strftime()方法

datetime.strftime()方法将日期时间对象依照格式转换为字符串，其语法格式如下所示。

```
datetime.strftime(format)
```

参数说明：
- datetime：datetime 对象，表示日期时间对象。
- format：表示时间的格式。
- 返回值：返回一个字符串。

datetime.strftime()是实例方法，它会根据 format 指定的格式返回 datetime 对象对应的字符串。

●●●● 编程宝典 ●●●●

datetime.strptime()方法和 datetime.strftime()方法

datetime.strptime()用于将字符串按照指定格式转化为时间，而 datetime.strftime()将日期对象按照格式转化为字符串，二者很容易弄混，为了方便记忆，可以参考以下记忆方式。

strptime：str parse time（将字符串解析为时间）。

strftime：str from time（将日期对象格式化为字符串）。

除此之外，datetime.strptime()中的 datetime 指的是 datetime 类，而 datetime.strftime()中的 datetime 指的是 datetime 类的对象。

【例】使用 datetime.strftime()方法将当前时间按照各种格式进行转化。具体代码如下所示。

```python
from datetime import datetime

now=datetime.now()   # 当前日期和时间
year=now.strftime("%Y")
print("当前年份：",year)
month=now.strftime("%m")
print("当前月份：",month)
```

```
day=now.strftime("%d")
print("当前日期:",day)
time=now.strftime("%H:%M:%S")
print("当前时间:",time)
date_time=now.strftime("%Y-%m-%d   %H:%M:%S")
print("当前日期和时间:",date_time)
```

运行程序，输出结果如下所示。

```
当前年份:2021
当前月份:10
当前日期:10
当前时间:17:20:55
当前日期和时间:2021-10-10   17:20:55
```

邀你来挑战 《《《《《《《《《《《

　　酒店大堂挂有不同时钟，用于展示不同城市的标准时间。请使用程序模拟酒店大堂各城市时钟，输出当前各城市时间。参考代码如下所示。

```
from datetime import datetime,timedelta,timezone

# 获取北京时间
bj_datetime=datetime.now(tz=timezone(timedelta(hours=8)))
str_utc_datetime= bj_datetime.strftime("%Y-%m-%d %H:%M:%S")
print("北京时间:",str_utc_datetime)

# 东京时间
dj_datetime=bj_datetime.astimezone(timezone(timedelta(hours=9)))
str_dj_datetime=dj_datetime.strftime("%Y-%m-%d %H:%M:%S")
print("东京时间:",str_dj_datetime)
```

```
# 曼谷时间
mg_datetime=bj_datetime.astimezone(timezone(timedelta(hours=7)))
str_mg_datetime=mg_datetime.strftime("%Y-%m-%d %H:%M:%S")
print("曼谷时间:",str_mg_datetime)
```

<<<<<<<<<<<

第 4 篇

编程进阶

第 18 章　并发编程

　　人类有时可以同时处理两件事情，比如，一边吃饭一边看电视，吃饭和看电视这两件事情是并行处理的。而计算机处理问题的方式与人类不同，同一个 CPU 处理问题是线性的，一次只能处理一个命令。那么，计算机一边播放音乐一边处理文档是如何实现的呢？这就要依靠并发编程了。

　　使用并发编程可以充分利用计算机的时间碎片，为每个任务分配一小段时间，多个任务交替执行，由于计算机执行速度很快，只要分配的时间片足够短，多个任务就好像在同时进行一样。

18.1 多线程的相关概念

18.1.1 进程与线程

进程是计算机程序关于某数据集上的一次运行活动，是操作系统资源分配和调度的基本单位。在操作系统中，每执行一个应用程序就会创建一个新的进程。每一个进程都有自己的地址空间、内存和数据，操作系统负责管理进程并为进程分配时间等资源。由于每个进程都包含独立的数据，所以不同进程之间不能直接共享数据，只能使用进程间通信。

一个进程中至少有一个线程来执行程序，如果一个进程想要同时处理多个任务，就需要多个线程并发执行，其中每个任务都对应一个线程。例如，在使用 QQ 时，可以同时开启多个会话。

进程与线程的关系如图 18-1 所示。

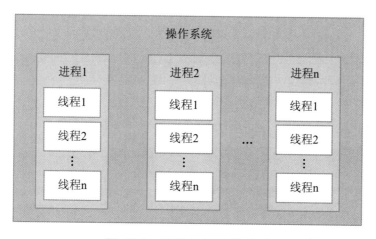

图 18-1　进程与线程的关系

18.1.2　并行与并发

并行是指多个任务同时执行，在操作系统中是指多个任务无论是从宏观上还是微观上都是同时执行。

并发是指在一段时间内，多个任务从宏观上看起来是同时执行，但是实际从微观来看还是顺序执行。

使用计算机时，用户可以同时处理多个任务，如：一边播放音乐，一边打开浏览器浏览网页，还可以打开记事本记录今天要处理的事情，这些任务对应的就是进程，这些进程在用户看来是同时在处理，但是在计算机的微观层面上是否也是同时在处理呢？

现在的计算机普遍都是多核 CPU，如果计算机在分配资源时，将这 3 个任务分配给 3 个 CPU 去执行，那么这 3 个进程的运行状态就是并行。如果这 3 个任务分配给了同一个 CPU，CPU 为每个进程分配一小段时间片，使得这 3 个进程可以交替执行，那这 3 个进程的运行状态就是并发，如图 18-2 所示。

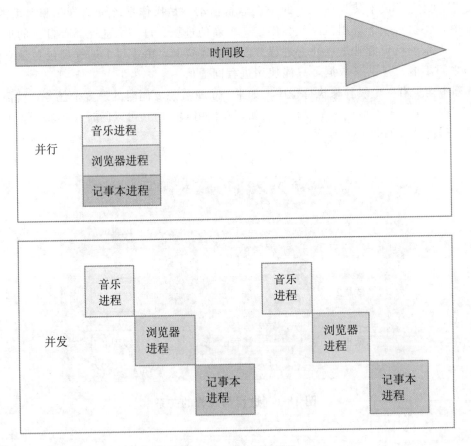

图 18-2　并行与并发

并行和并发的概念也同样适用于线程，不过在 Python 中，同一个进程中的线程只会占用一个内核 CPU，如果想在 Python 中实现并行，只能创建多个进程。

　　本书在此之前的示例执行的都是单一任务，如果要同时执行多种任务怎么办呢？在 Python 中，有以下三种方法。

　　第一种方法，创建多个进程，每个进程执行一种任务。

　　第二种方法，创建一个进程，一个进程中创建多个线程，每个线程执行一个任务。

　　第三种方法，创建多个进程，每个进程中创建多个线程，进程和线程同时执行任务（这种方法过于复杂，实际开发中很少采用）。

　　执行多种任务的方法概括起来如图 18-3 所示。

　　创建进程需要消耗更多的资源，而且一般需要执行多任务时，各个任务之间可能有先后顺序，也可能需要进行数据传输和交换，而进程之间数据无法共享，只能使用进程间通信，因此一般我们选择使用多线程的方式来执行多任务。

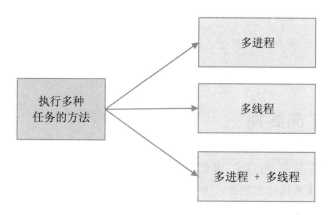

图 18-3　执行多种任务的方法

　　使用多线程可以完成并发，实现宏观上的"多任务"模式，多个线程是属于同一个进程的，这里的"多任务"是指同一个进程内的多件任务。例如，运行 QQ 时，我们在会话窗口输入文字的同时也能接收到对方传来的消息，这就需要两个线程来分别完成"接收消息"和"输入文字"的任务。

●●●● **编程宝典** ●●●●

使用多线程的优点

使用多线程有以下几个优点。

（1）使用多线程编程，可以将占据时间长的任务放到后台去处理，例如，使用 word 打印文件时，将打印程序放到后台去处理，不影响用户继续编辑文件。

（2）使用多线程编程，有时可以充分利用计算机的时间片段，提高程序的整体运行速度。例如，执行一些用户输入、网络收发数据等需要等待的任务时，将这些任务放到线程中去处理能提高程序的运行效率。

（3）使用多线程编程，可以提高用户的使用体验，增强程序的交互性。例如，在视频播放时，用户可以随时点击暂停按钮，停止播放。

18.1.3 线程的生命周期

一个线程有五种状态，分别为新建、就绪、运行、阻塞和死亡。

（1）新建状态：新创建的线程对象处于新建状态。

（2）就绪状态：当调用线程对象的 start()方法后，线程处于就绪状态，等待调度。

（3）运行状态：处于就绪状态的线程获得 CPU 等资源后就可以转为运行状态，处于运行状态的线程可以执行本线程的代码。

（4）阻塞状态：阻塞状态根据产生阻塞的原因又可以分为三种：等待阻塞、同步阻塞和其他阻塞。

等待阻塞：一个 A 线程可以通过调用 B 线程的 join()方法使 A 线程本身进入阻塞状态，直到 B 线程执行完毕后，A 线程才从阻塞状态转变为就绪状态。

同步阻塞：同步阻塞是指两个线程同时想访问共享数据时，一旦其中一个线程，比如 A 线程获得访问权限，那么 B 线程就进入阻塞状态，直到 A 线程访问完毕后，B 线程才从阻塞状态转变为就绪状态。

其他阻塞：在线程运行过程中，当调用 sleep()函数或等待接收用户输入的数据时，线程进入阻塞状态，直到 sleep()函数执行完毕或用户输入完毕，线程才从阻塞状态转变为就绪状态。

处于运行状态的线程遇到以上几种阻塞情况时，进入阻塞状态。

（5）死亡状态：当一个线程的程序执行完毕，或者发生错误或异常，线程就进入死亡状态。

线程的五种状态之间的转换关系如图 18-4 所示。

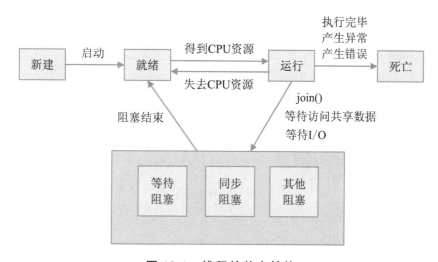

图 18-4　线程的状态转换

18.1.4　线程安全

实际开发过程中，很多时候都需要用到多线程，多个线程同时执行时，可能会同时访问共享数据。例如，某网络商店在双十一期间搞秒杀活动，商品数量一共有 n 件，客户下单购买时，程序后台首先判断当前库存数量 n 是否大于 0，如果大于 0，客户就可以下单付款，相应地库存数量变为 n−1。当有多个顾客同时购买时，就会有多个线程同时访问这段代码，如果 A 线程和 B 线程同时获得了当前的商品数量 n，并且判断出 n 大于 0，然后各自执行下单操作，最后可能会导致 A 和 B 都下单完毕时，库存数量本应变为 n−2，却因为线程交替执行的原因导致库存数量变为 n−1，导致数据不同步，产生逻辑错误，如图 18-5 所示。

所以，在进行多线程开发时，当多个线程都需要访问共享数据时需要着重考虑线程安全问题。

那么，线程安全的问题如何解决呢？

目前，解决线程访问共享数据的安全问题，通用做法是给共享数据上一道锁。共享数据就好像一个密室，一开始处于未锁定状态，当线程访问共享数据时会将密室锁定，其他线程就无法再访问，等该线程访问完毕，将锁打开，其他线程才能继续访问，如图 18-6 所示。

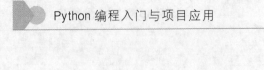
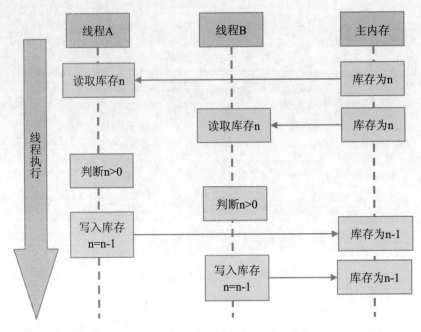

图 18-5　多线程执行时可能产生数据错误

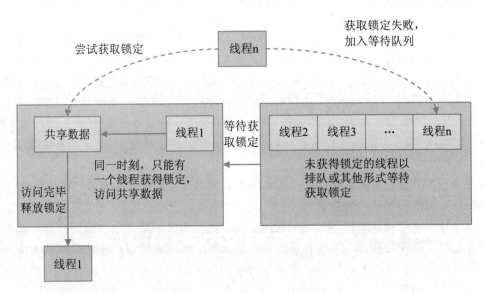

图 18-6　使用锁保证线程安全

18.2　多线程开发

Python 中提供了几个实现多线程开发的模块，例如：_thread 和 threading，等等。_thread 和 threading 模块提供了创建和管理线程的方法，_thread 是低级模块，threading 模块提供了对_thread 模块的封装，是高级模块。_thread 模块中，当主线程结束时，子线程无论是否已完成都将被强制结束，而 threading 模块能确保重要子线程完成后进程才结束。所以，在实际开发时一般选用 threading 模块。

18.2.1　多线程

在 Python 中，创建多线程有以下两种方式：使用_thread. start_new_thread ()函数创建线程；使用 threading 模块提供的 Thread 类创建线程。

1. 使用_thread 模块提供的 start_new_thread ()函数创建线程

_thread 模块提供了 start_new_thread ()方法来创建线程。其语法格式如下所示。

```
_thread. start_new_thread(function,args[,kwargs])
```

参数说明：
- function：线程执行的函数。
- args：元组类型，表示传递给 function 的参数。
- kwargs：可选参数。
- 返回值：线程的标识。

_thread. start_new_thread ()方法创建一个新线程并返回其标识。

【例】使用_thread 模块的 start_new_thread ()方法创建一个新线程。具体代码如下所示。

```
import _thread
import time
```

```
def print_thread(threadName):  # 线程调用的函数
    print("{}进入线程!".format(threadName))
    time.sleep(1)   # 子线程休眠 1 秒
    print("{}离开线程!".format(threadName))


try:
    # 使用 start_new_thread()函数创建线程
    _thread.start_new_thread(print_thread,("Thread-1",))
    _thread.start_new_thread(print_thread,("Thread-2",))
except:
    print("Error:unable to start thread")
time.sleep(10)   # 调用 time.sleep(10)让主线程休眠 10 秒
```

运行程序，每次的输出结果可能不同，参考结果如下所示。

```
Thread-1 进入线程!
Thread-2 进入线程!
Thread-2 离开线程! Thread-1 离开线程!
```

在本例创建新线程的代码中，用到了 time.sleep(seconds)函数，该函数是 time 模块提供的函数，函数功能为使当前线程休眠 seconds 秒。在程序末尾添加 time.sleep(10)是为了让主线程等待子线程执行完毕，否则主线程结束时子线程会被强制结束，可能会看不到输出结果。

 拨 开 迷 雾

使用线程时，为什么每次运行的结果可能不同?

在创建新线程的例子中，创建了两个线程，如果多次运行程序就会发现，每次运行的结果可能并不相同；有时一个线程在另一个线程执行完毕才开始执行，有时二者交替执行。是什么原因导致这种结果呢?

这是因为，线程在执行时，并不能保证在时间片内将函数完全执行完毕，当时间片用完，该线程只能恢复就绪状态等待其他线程执行。所以多个线程之间每次的执行顺序可能都不相同。

2. 使用 threading 模块提供的 Thread 类创建线程

通过之前的例子，我们了解到可以使用 time.sleep() 方法，让主线程等待子线程结束。可是这并不是个好方法，在大部分情况下，我们并不知道子线程什么时候结束。而更高级别的 threading 模块可以很好地解决这个问题。threading 模块提供了 Thread 类，该类对象有 daemon 属性，默认值为 False，当 daemon 属性值为 False 时，表示进程需要等待子线程结束后才能退出，当 daemon 属性值为 Ture 时，表示进程不需要等待子线程结束即可退出。

Thread 类提供了以下一些方法来处理线程，具体见表 18-1。

表 18-1　Thread 类中处理线程的一些方法

方法名	描　　述
run()	表示线程活动的方法
start()	表示启动线程
join([time])	等待至线程终止或者超过 time 指定的时间
isAlive()	判断线程是不是活动的，如果是活动的返回 True，否则返回 False
getName()	返回线程名称
setName()	设置线程名称

使用类的方式创建线程，可以直接使用构造函数生成 Thread 类的实例，也可以创建一个类来继承 Thread 类，然后重写 __init__() 方法和 run() 方法。

【例】自定义线程类 MyThread（继承自 Thread 类），并使用 MyThread 创建和启动新线程。具体代码如下所示。

```python
import threading
import time
class MyThread(threading.Thread):
    '''自定义线程类 MyThread 继承父类 threading.Thread'''
    def __init__(self,name):
        threading.Thread.__init__(self)
        self.name=name
    # 当调用 start() 方法开启线程时,将直接运行 run 函数
    def run(self):
        print("{}进入线程!".format(self.name))
        time.sleep(1)   # 子线程休眠 1 秒
```

```
            print("{}离开线程!".format(self.name))

#  创建新线程
thread1=MyThread("Thread-1")
thread2=MyThread("Thread-2")
#  开启线程
thread1.start()
thread2.start()
```

运行程序，输出结果如下所示。

```
Thread-1 进入线程!
Thread-2 进入线程!
Thread-2 离开线程!
Thread-1 离开线程!
```

创建 Thread 类的实例并没有直接开启线程，开启线程需要调用实例的 start ()方法，这与使用 _thread 模块的 start_new_thread ()方法不同。

18.2.2　锁

当多个线程同时访问共享数据时，可能会由于线程不同步导致意想不到的结果，从而产生逻辑错误。为了保证数据的正确性，可以使用 Thread 对象的 Lock 和 RLock 来实现简单的同步。这两个对象都有 acquire ()方法和 release ()方法，编写代码时，可以将只允许一个线程操作的数据放到 acquire ()方法和 release ()方法之间，这样就可以保证数据的正确性。我们先来看一个不加锁的例子。

【例】使用多线程模拟某网络商店的秒杀活动。

某网络商店在双十一期间搞秒杀活动，商品数量一共有 100 件，自定义线程类 MyThread（继承自 Thread 类）并重写__init__()方法和 run ()方法，并在该类中定义 sell ()方法用来模拟商品卖出。具体代码如下所示。

```
import threading

class MyThread(threading.Thread):
    total=100   #  使用 total 保存商品总量
    def __init__(self,threadName,num):
        threading.Thread.__init__(self)
```

```
        self.threadName=threadName  # name 表示线程名称
        self.num=num  # num 表示购买数量
    def sell(self,threadName,total,num):
        '''该函数返回商品卖出后的剩余数量'''
        print("{}----商品总量为:{},卖掉的数量为:{}".format(threadName,total,num))
        total=total-num
        print("卖出后商品数量为:",total)
        return total
    def run(self):  # 线程启动时执行的方法
        print("Starting "+self.threadName)
        # 执行卖出函数,将结果赋值给 MyThread.total
        MyThread.total=self.sell(self.threadName,MyThread.total,self.num)


threads=[]
# 创建新线程
thread1=MyThread("Thread-1",3)
thread2=MyThread("Thread-2",3)
# 开启新线程
thread1.start()
thread2.start()
# 添加线程到线程列表
threads.append(thread1)
threads.append(thread2)
# 等待所有线程完成
for t in threads:
    t.join()
print("Exiting Main Thread")
```

运行程序，每次的输出结果不同，有时会出现逻辑错误，如下所示。

```
Starting Thread-1
Thread-1----商品总量为:100,卖掉的数量为:3
Starting Thread-2
Thread-2----商品总量为:100,卖掉的数量为:3
卖出后商品数量为:卖出后商品数量为:97 97


Exiting Main Thread
```

由于两个线程是交替执行的，所以打印的语句可能会交替出现，从上面的结果可知，线程 1 卖掉 3 件商品，线程 2 卖掉 3 件商品，剩余商品数量应为 94，可输出结果却为 97，产生了逻辑错误。

【例】使用锁，对购买过程进行锁定。具体代码如下所示。

```python
import threading
import time
from datetime import datetime
class MyThread(threading.Thread):
    total=100  # 使用 total 保存商品总量
    def __init__(self,threadName,num):
        threading.Thread.__init__(self)
        self.threadName=threadName  # name 表示线程名称
        self.num=num  # num 表示购买数量
    def sell(self,threadName,total,num):
        '''该函数返回商品卖出后的剩余数量'''
        print("{}----商品总量为:{},卖掉的数量为:{}".format(threadName,total,num))
        total=total-num
        print("卖出后商品数量为:",total)
        return total
    def run(self):  # 线程启动时执行的方法
        print("Starting "+self.threadName)
        # 将只允许一个线程访问的代码放到 acquire()和 release()之间
        threadLock.acquire()
        # 执行卖出函数,将结果赋值给 MyThread.total
        MyThread.total=self.sell(self.threadName,MyThread.total,self.num)
        threadLock.release()
threads=[]
threadLock=threading.Lock()
# 创建新线程
thread1=MyThread("Thread-1",3)
thread2=MyThread("Thread-2",3)
# 开启新线程
thread1.start()
thread2.start()
# 添加线程到线程列表
threads.append(thread1)
threads.append(thread2)
```

```
#  等待所有线程完成
for t in threads:
    t.join()
print("Exiting Main Thread")
```

运行程序，输出结果如下所示。

```
Starting Thread-1
Thread-1----商品总量为:100,卖掉的数量为:3
卖出后商品数量为:97
Starting Thread-2
Thread-2----商品总量为:97,卖掉的数量为:3
卖出后商品数量为:94
Exiting Main Thread
```

18.2.3　Event 和 Timer

1. Event

在多线程开发中，一旦线程开启，线程将自行运行，它的运行状态通常不可预测。如果一个进程中的其他线程需要通过判断某个线程的状态来决定下一步动作就会比较困难。因此，threading 模块中提供了 Event 类，来帮助我们解决类似的问题。

Event 对象包含一个可以进行设置的信号标志，其他线程可以根据这个信号等待某些事件发生。初始情况下，Event 的信号标志为假。当其他线程等待 Event 对象时，如果信号标志为假，线程将会被阻塞，直到信号标志为真为止。

Event 对象包含的一些方法见表 18-2。

表 18-2　Event 对象包含的一些方法

方法名	描　　述
isSet ()	该方法返回 event 的信号标志值
wait ()	调用该方法后，如果 event 的信号标志为 False，则当前线程进入阻塞状态，如果 event 的信号标志值为 True，则线程继续向下执行
set ()	设置 event 的信号标志为 True，所有因为等待 event 而阻塞的线程将进入就绪状态
clear ()	恢复 event 的信号标志为 False

【例】一只猫在帮主人守护奶酪，可是过一会儿猫就会睡着。一旦猫睡着，老鼠们就会趁机偷走奶酪，使用程序模拟猫睡着时老鼠偷走奶酪的情景。

使用线程分别模拟猫和老鼠，利用 Event 对象模拟等猫睡着时，老鼠偷走奶酪的场景。具体代码如下所示。

```python
from threading import Thread,Event
import time

def cat():
    print('猫正醒着')
    time.sleep(3)   #  休眠 3 秒钟
    print("猫睡着了")
    event.set()   #  调用 set()方法表示猫睡着了

def mouse(name):
    print('老鼠{}正在等猫睡着'.format(name))
    event.wait()   #  直到调用 event.set()将其值设置为 True,才会继续运行.
    print('老鼠{}偷走奶酪'.format(name))

event=Event()
#  创建线程,target 表示线程要执行的函数,这里 t1 表示猫的线程
t1=Thread(target=cat)
t1.start()   #  启动线程
for i in range(5):
    t=Thread(target=mouse,args=(i,))   #  创建老鼠线程
    t.start()   #  启动线程
```

运行程序，每次运行输出结果可能不同，参考输出结果如下所示。

```
猫正醒着
老鼠 0 正在等猫睡着
老鼠 1 正在等猫睡着
老鼠 2 正在等猫睡着
老鼠 3 正在等猫睡着
老鼠 4 正在等猫睡着
猫睡着了
老鼠 3 偷走奶酪
老鼠 0 偷走奶酪
```

```
老鼠 1 偷走奶酪
老鼠 2 偷走奶酪
老鼠 4 偷走奶酪
```

2. Timer

Timer 是 threading.Thread 类的派生类，因此 Timer 本质上也是一个线程类，它的特点是可以设置一个时间，让线程等待一段时间后执行。Timer 的构造函数的语法格式如下所示。

```
Timer(interval,function,args=None,kwargs=None)
```

参数说明：

- interval：表示时间间隔，单位为秒。
- args：表示传递给 function 的参数。
- kwargs：表示传递给 function 的参数。

使用 Timer 构造函数可以创建一个定时器，它在经过 interval 秒后调用 function 函数，函数的参数为 args 和 kwargs。

【例】使用 Timer 模拟一个定时器，具体代码如下所示。

```python
from threading import Timer
from datetime import datetime

def alarm():
    print("函数执行时间:",datetime.now())
    print("叮铃铃叮铃铃叮铃铃叮铃铃叮铃铃……")

t=Timer(3,alarm)   # 设置定时器,3秒后执行
t.start()   # after 3 seconds,alarm rings
print("定时器设置时间:",datetime.now())
```

运行程序，输出结果如下所示。

```
定时器设置时间:2021-10-10 10:35:09.438607
函数执行时间:2021-10-10 10:35:12.438607
叮铃铃叮铃铃叮铃铃叮铃铃叮铃铃……
```

18.2.4　线程池

我们之前使用的线程都是自己手动创建的，运行完毕后线程即销毁。线程在创建和销毁的过程中都是需要消耗内存资源的，为了节省资源便提出了线程池的概念。使用线程池时，线程的创建和销毁都由线程池来管理。通过线程池统一管理，可以减少内存的消耗，提高代码的运行效率。

从 Python 3.2 开始，标准库中提供了 concurrent.futures 模块，该模块中包含了线程池类 ThreadPoolExecutor。

线程池类 ThreadPoolExecutor 中提供了 submit()方法，其语法格式如下所示。

```
submit(fn,*args,**kwargs)
```

参数说明：
- fn：线程执行的函数对象。
- args：表示传递给 fn 的参数。
- kwargs：表示传递给 fn 的参数。
- 返回值：返回一个 Future 对象。

submit()方法用于向资源池提交任务，由资源池创建线程完成任务。submit()方法返回一个 Future 对象，通过该对象的 done()方法可以获取线程（或任务）的状态，通过该对象的 result()方法可以获取线程（或任务）的返回值。

【例】使用线程池 ThreadPoolExecutor 模拟多线程下载任务。具体代码如下所示。

```
from concurrent.futures import ThreadPoolExecutor
import time

# 使用download()函数模拟下载任务
def download(page):
    time.sleep(page)
    print("download task{} finished".format(page))
    return page


# 创建一个最大容纳数量为5的线程池
with ThreadPoolExecutor(max_workers=5) as t:
# 通过submit提交执行的任务(函数)到线程池中
    task1=t.submit(download,1)
    task2=t.submit(download,2)
```

```
task3=t.submit(download,3)
# 通过 done 来判断线程是否完成
print("task1:{}".format(task1.done()))
print("task2:{}".format(task2.done()))
print("task3:{}".format(task3.done()))
time.sleep(5)
print("task1:{}".format(task1.done()))
print("task2:{}".format(task2.done()))
print("task3:{}".format(task3.done()))
# 通过 result 来获取返回值
print("task1 的返回值为:",task1.result())
```

运行程序，输出结果如下所示。

```
task1:False
task2:False
task3:False
download task1 finished
download task2 finished
download task3 finished
task1:True
task2:True
task3:True
task1 的返回值为:1
```

18.3 异步开发

多线程在本质上还是顺序执行，它依靠操作系统的调度来实现表面上的"并行"。所以，线程的数量不能一味地求多，如果线程数量过多，创建和销毁线程也将占用更多的资源，导致资源的浪费，影响程序的整体效率。并且线程间在访问多个共享变量时可能造成死锁。

实现多任务的方式，除了采用多线程还可以使用异步开发。

使用异步开发不需要创建额外的线程，异步操作使用回调的方式进行处理，而且如果设计良好还可以减少死锁的情况产生。但是使用异步开发的难度较高，使用回调的处理方式与普通人的思维方式有些不同，而且难以调试。

现在的电脑硬件很多都具有 DMA（Direct Memory Access，直接存储器访问，即直接访问内存）功能，正是有了硬件的支持，才使得现在的操作系统可以支持异步 IO。如果充分利用操作系统提供的异步 IO 支持，就可以使用单进程单线程来执行多任务。

邀你来挑战　《《《《《《《《《《《

使用线程来模拟客户购买冰激凌情景。

客户购买冰激凌情景：假设冰激凌机一次可随机制作若干冰激凌，制作好的冰激凌放入冰柜中储存，当冰柜中仍有未出售的冰激凌时，冰激凌机暂停制作冰激凌。客户一次购买一个冰激凌，只有当冰柜中仍有冰激凌时客户才能购买，当冰柜中冰激凌售罄时，客户需等待冰激凌机再次生产。

参考代码如下所示。

```python
from threading import Thread
from threading import Lock
import time
import random

ice_cream_list=[]  # ice_cream_list 表示生产的冰激凌
lock=Lock()  # 使用锁来保证数据安全

class IceCreamProducer(Thread):
    '''冰激凌机'''

    def run(self):
        global ice_cream_list
        while True:
            num=random.randint(1,10)  # num 表示生产的商品数量
            lock.acquire()  # 上锁保证数据安全
            if len(ice_cream_list) > 0:
                print("!---冰激凌仍在冰柜中,等待客户来购买...")
            else:
                ice_cream_list.append(num)  # 将生产的冰激凌放进资源池
```

```
            print("! ---冰激凌机生产并放入冰激凌:",ice_cream_list[0])
            lock.release()   # 解锁
            time.sleep(2)


class Customer(Thread):
    '''冰激凌购买者'''

    def run(self):
        global ice_cream_list
        while True:
            lock.acquire()   # 上锁保证数据安全
            if len(ice_cream_list)==0:
                print("====冰柜没有冰激凌了,等待冰激凌机生产...")
            else:
                if ice_cream_list[0] > 0:
                    ice_cream_list[0]=ice_cream_list[0] - 1
                    print("====客户购买冰激凌:1,冰柜中还有冰激凌:",ice_cream_
list[0])
                if ice_cream_list[0]==0:
                    ice_cream_list.pop(0)
            lock.release()   # 解锁
            time.sleep(2)
IceCreamProducer().start()
IceCreamProducer().start()
Customer().start()
Customer().start()
```

第 19 章　数据库编程

　　我们在开发程序的过程中，既可以将数据存储到内存，也可以将数据存储到磁盘。存储到内存中的数据随着程序的结束就消失了，存储到磁盘中的数据可以永久保存。但是使用文件来保存数据的方式却并不理想，这是因为存储到文件中的数据并不方便查询和修改，因此数据库软件应运而生。使用数据库软件操作数据，不仅方便存储和读取，还可以根据条件对数据进行快速查询。

19.1　数据库介绍

　　数据库是一种存储结构，它按照数据结构来组织、存储和管理数据，是数据的存储仓库。数据库自从 1950 年诞生以来，经历了网状型数据库、层次型数据库和关系型数据库等各个阶段的发展，数据库技术在各个方面都获得快速的发展，各个阶段的数据库特点如下所示。

　　层次型数据库：层次型数据库类似于树结构，数据使用指针通过链接的方式联系在一起。

　　网状型数据库：网状型数据库通过使用网络结构表示实体类型和实体间的联系。

　　关系型数据库：关系型数据库是目前最流行的数据库，它由一系列表格组成，是基于关系模型建立的数据库。

　　目前，关系型数据库被广泛使用，它可分为付费型和免费型，如图 19-1 所示。

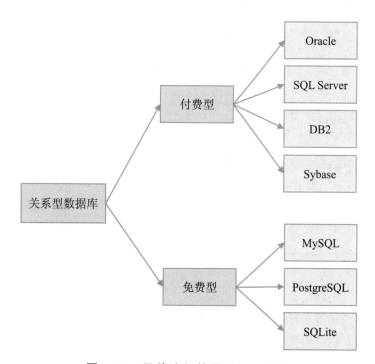

图 19-1　目前流行的关系型数据库

•••• 编程宝典 ••••

NoSQL

说到数据库，不得不提近几年比较火的 NoSQL，NoSQL 泛指非关系型的数据库，它的产生是为了解决大数据存储时多重数据种类带来的问题。它使用键值的形式存储数据，具有易扩展、结构简单的特点。

NoSQL 与关系型数据库是两种不同类型的数据库，本书主要介绍关系型数据库。

19.2 Python 数据库编程

数据库涉及的知识很多，这里我们重点介绍在 Python 中如何操作数据库。

19.2.1 Python 数据库接口

关系数据库的种类虽然有很多，例如：Oracle，MySQL，SQL Server，等等，但是它们的功能和操作方法大体类似。通常，编程语言会提供标准化的数据库接口，在 Python 中，数据库接口遵循 Python Database API 2.0（或称 Python DB API 2.0）规范，此规范中定义了 Python 数据库接口的各个部分，例如：模块接口、连接对象、游标对象、异常、类型，等等，下面进行详细介绍。

1. 连接对象

在使用和操作数据库之前，首先需要跟数据库进行连接。通过数据库连接对象可以进行获取数据库游标对象、提交事务、回滚事务和关闭数据库连接等操作。

使用的数据库不同，需要的数据库模块也不同，但它们都遵循 Python DB API 2.0 规范，所以使用的函数都大体相同。这些模块都是通过 connect()函数来获取连接对象，connect()函数常用的参数和含义见表 19-1（不同的数据库模块中，connect()函数可能略有不同）。connect()函数根据参数返回一个连接对象，这个连接对象表示目前和数据库的会话，连接对象支持的方法见表 19-2。

表 19-1　connect()函数常用的参数和含义

参　　数	含　　义
dsn	表示数据源名称，给出该参数表示数据库依赖
user	表示数据库的用户名
password	表示数据库的用户密码
host	表示主机名
database	表示数据库名称

表 19-2　连接对象支持的方法

方　　法	含　　义
close()	关闭数据库连接
commit()	提交事务（如果数据库不支持事务则不做任何处理）
rollback()	回滚事务（如果数据库不支持事务则不做任何处理）
cursor()	获取游标对象

2. 游标

使用 connect()函数的 cursor()方法可以获取游标对象，游标对象有什么作用呢？通过游标对象可以执行 SQL 查询并检查结果。游标支持的一些方法见表 19-3，游标的一些属性见表 19-4。

表 19-3　游标支持的一些方法

方　　法	说　　明
callproc(procname[,args])	调用存储过程（需要数据库支持存储过程）
close()	关闭游标
execute(operation[,parameters])	执行 SQL 语句或数据库命令
executemany(operation，seq_of_params)	用于批量操作

续表

方　　法	说　　明
fetchone ()	获取查询结果中的下一条记录
fetchmany ([size])	获取指定数量的记录
fetchall ()	获取结果集的所有记录
nextset ()	跳到下一个可用的结果集
setinputsizes (sizes)	设置调用 execute ()方法时分配的内存区域大小
setoutputsize (sizes)	设置列缓冲区大小，主要用于大数据列（LONGS 和 BLOBS）

表 19-4　游标对象的属性

名　　称	说　　明
arraysize	fetchmany ()方法返回的行数，只可读取
description	结果列的描述，只可读取
rowcount	结果集的行数

●●●●　编程宝典　●●●●

游标的作用

使用游标可以在数据结果集中一次一行或一次多行查看数据，游标就像一个指针，它可以指定数据结果集中的位置，允许用于对指定位置的数据进行处理。

3. 异常

Python DB API 2.0 定义了一些异常，用于帮助用户准确地处理错误，这些异常可以通过 try…except 语句进行捕捉。异常的描述见表 19-5。

表 19-5 DB API 2.0 定义的常见异常

异常名称	父 类	说 明
StandardError	—	异常的泛型基类
Warning	StandardError	警告
Error	StandardError	错误异常基类
InterfaceError	Error	数据库接口错误
DatabaseError	Error	与数据库相关的错误基类
DataError	DatabaseError	处理数据时出错
OperationalError	DatabaseError	与数据库操作相关的错误，这种错误开发人员可能无法掌控，例如连接中断，数据源名称未找到等产生的错误
IntegrityError	DatabaseError	数据完整性错误，例如外键检查失败
InternalError	DatabaseError	数据库内部错误
ProgrammingError	DatabaseError	SQL 执行失败时产生的错误，例如表未找到或者 SQL 语句有语法错误
NotSupportedError	DatabaseError	在使用了数据库不支持的方法时产生的错误，例如在一个不支持事务的数据库连接上使用 rollback()方法等

4. 类型

数据库中的数据也具有数据类型，在数据库表中，每一列数据的数据类型均相同。DB API 2.0 中定义了用于特殊类型和值的构造函数和常量，所有模块均需实现这些构造函数和特殊值，以便与数据库进行数据交互，DB API 2.0 定义的构造函数和特殊值见表 19-6。

表 19-6 DB API 2.0 定义的构造函数和特殊值

名 称	说 明
Date(year,month,day)	表示日期的对象
Timestamp(year,month,day,hour,minute,second)	表示时间戳对象
DateFromTicks(ticks)	表示自 1970−01−01 00：00：01 以来秒数对应的日期值对象

名　　称	说　　明
TimeFromTicks(ticks)	表示自 1970－01－01 00：00：01 以来秒数对应的时间值对象
Binary(string)	表示二进制长字符串对象
STRING	表示字符串列对象，如 VARCHAR 类型的列对象
NUMBER	表示数字列对象
DATETIME	表示日期时间列对象
ROWID	表示 ROWID 列对象

19. 2. 2　SQLite

SQLite 是一款轻型数据库，与其他关系数据库不同，它不是客户端/服务端结构的数据库引擎，而是嵌入式的数据库，Python 中就内置了 SQLite，因此在 Python 中使用 SQLite 不需要安装第三方模块，可以直接使用，本章后续章节的例子都将基于 SQLite 展开。

19. 2. 3　创建 SQLite 数据库文件

在 Python 中使用 SQLite 需要引入内置模块 SQLite3。操作数据库的流程通常如下所示。
（1）建立数据库连接。
（2）通过数据库连接获得游标。
（3）通过游标执行 SQL 语句。
（4）SQL 语句执行完毕后关闭游标。
（5）关闭数据库连接。
创建数据库表需要使用 SQL create 语句，create 语句的语法格式如下所示。

```
create table table_name
 (
```

```
column_name1 data_type(size),
column_name2 data_type(size),
column_name3 data_type(size),
...
)
```

关键字说明：

- table_name：表示要创建的数据库表的名称。
- column_name：表示表中列的名称。
- data_type：表示列的数据类型。
- size：表示列的最大长度。

【例】创建数据库文件并创建 user 表。

创建一个名为 chsproject.db 的数据库文件，然后使用 SQL 语句创建一个用户表 user，用户表的字段包含 id，name，age，telephone。具体代码如下所示。

```
import sqlite3

# 连接数据库文件,如果文件不存在,会创建数据库文件
conn=sqlite3.connect('chsproject.db')
# 通过连接获得游标
cursor=conn.cursor()
# 通过游标执行创建表的语句
cursor.execute('create table user(id int(10) primary key,name varchar(20),
age int(4),telephone varchar(13))')
# 关闭游标
cursor.close()
# 关闭连接
conn.close()
```

使用 connect()函数进行数据库连接时，如果数据库不存在则会创建一个数据库文件。在上例中，运行完毕后，可以看到当前目录下新建了一个 chsproject.db 的数据库文件，如果再次运行以上程序，会提示异常信息：表 user 已经存在。

19.2.4　增删改查

1. 向表中增加记录

向表中增加记录需要使用 SQL insert 语句，insert 语句的语法格式如下所示。

```
insert into table_name(column1,column2,column3…) values(value1,value2,value3…)
```

关键字说明：

- table_name：表示数据库表的名称。
- column：表示表中列的名称。
- value：表示要插入的值，值和列名是一一对应的。

【例】向 user 表中插入数据信息。

user 表中有 id，name，age，telephone 4 个字段，添加信息时，需要根据字段的数据类型来赋值，否则会报错，具体代码如下所示。

```
import sqlite3

# 连接数据库文件,如果文件不存在,会创建数据库文件
conn=sqlite3.connect('chsproject.db')
# 通过连接获得游标
cursor=conn.cursor()
# 通过游标执行 SQL 语句
cursor.execute('insert into user(id,name,age,telephone) values(1,"Lily",24,"158****2464")')
cursor.execute('insert into user(id,name,age,telephone) values(2,"Sam",32,"156****6824")')
cursor.execute('insert into user(id,name,age,telephone) values(3,"Cassie",30,"138****9105")')
# 关闭游标
cursor.close()
# 提交事务
conn.commit()
```

```
# 关闭连接
conn.close()
```

需要注意的是，当对表执行增加、修改和删除操作时，需要使用连接的 commit () 方法来提交事务，否则 sql 语句不会真正执行。

想要知道数据是否已经插入到表中，可以再次执行本程序，如果程序报错，提示 IntegrityError（数据完整性错误），则表明数据插入成功，因为表中的 id 字段的数据具有唯一性，不能插入重复数据。也可以通过下面的查询方法，查看表中数据是否存在。

2. 查看表中数据

查看表中记录需要使用 SQL select 语句，select 语句的语法格式如下所示。

```
select column1,column2,column3…
from table_name
```

关键字说明：
- column：表示表中列的名称。
- table_name：表示数据库表的名称。

在 select 语句中可以指定具体的列名，也可以使用星号 "＊" 表示所有列。

【例】查询 user 表的所有数据信息。

使用 select 语句可以查询 user 表中的所有数据信息，可以用此来验证数据是否添加成功，具体代码如下所示。

```
import sqlite3

# 连接数据库文件,如果文件不存在,会创建数据库文件
conn=sqlite3.connect('chsproject.db')
# 通过连接获得游标
cursor=conn.cursor()
# 通过游标执行 SQL 语句
cursor.execute('select * from user')
# 使用 fetchone()方法获得一条记录
result1=cursor.fetchone()
print("获取一条记录:")
print(result1)
# 使用 fetchmany()方法获得多条记录
result2=cursor.fetchmany(2)
```

```
print("获取两条记录:")
print(result2)
#  关闭游标
cursor.close()
#  关闭连接
conn.close()
```

运行程序，输出结果如下所示。

```
获取一条记录:
(1,'Lily',24,'158****2464')
获取两条记录:
[(2,'Sam',32,'156****6824'),(3,'Cassie',30,'138****9105')]
```

使用游标对象的 fetchone()方法一次可以获取一条记录，使用 fetchmany()方法可以获取指定数量的记录，使用 fetchall()可以获取查询到的所有记录，每次获取 n 条记录，游标都将移动 n 个位置。

3. 更新表中数据

更新表中记录需要使用 SQL update 语句，update 语句的语法格式如下所示。

```
update table_name
set column1=value1,column2=value2···
where some_column=some_value
```

关键字说明：

- table_name：表示数据库表的名称。
- column：表示表中列的名称。

使用 update 语句进行更新时要配合 where 子句来确定更新的记录，如果不使用 where 子句，表中所有数据都将被更新。

【例】使用 update 语句将名为 "Lily" 的用户年龄修改为 25。具体代码如下所示。

```
import sqlite3


#  连接数据库文件,如果文件不存在,会创建数据库文件
conn=sqlite3.connect('chsproject.db')
#  通过连接获得游标
cursor=conn.cursor()
```

```
#  通过游标执行 SQL 语句
cursor.execute('update user set age=? where name=?',(25,"Lily"))
cursor.execute('select * from user')
#  使用 fetchall 方法获取查询到的所有记录
result=cursor.fetchall();
print("获取所有记录:")
print(result)
#  关闭游标
cursor.close()
#  提交事务
conn.commit()
#  关闭连接
conn.close()
```

运行程序，输出结果如下所示。

```
获取所有记录:
[(1,'Lily',25,'158****2464'),(2,'Sam',32,'156****6824'),(3,'Cassie',30,
'138****9105')]
```

可以看到，Lily 的年龄已经被修改。在本例中，调用 execute()方法时，使用了问号作为占位符，然后使用元组来替换问号，使用这种方式可以避免产生 SQL 注入漏洞。

4. 删除表中数据

删除表中记录需要使用 SQL delete 语句，delete 语句的语法格式如下所示。

```
delete from table_name
where some_column=some_value
```

关键字说明：
• table_name：表示数据库表的名称。
• column：表示表中列的名称。

使用 delete 语句删除数据时要配合 where 子句来确定要删除的具体记录，如果不使用 where 子句，表中所有数据都将被删除。

【例】使用 delete 语句将名为 "Lily" 的用户信息删除。具体代码如下所示。

```python
import sqlite3

# 连接数据库文件,如果文件不存在,会创建数据库文件
conn=sqlite3.connect('chsproject.db')
# 通过连接获得游标
cursor=conn.cursor()
# 通过游标执行 SQL 语句
cursor.execute('delete from user where name=?',("Lily",))
cursor.execute('select * from user')
# 使用 fetchall 方法获取查询到的所有记录
result=cursor.fetchall()
print("获取所有记录:")
print(result)
# 关闭游标
cursor.close()
# 提交事务
conn.commit()
# 关闭连接
conn.close()
```

运行程序,输出结果如下所示。

```
获取所有记录:
 [(2,'Sam',32,'156****6824'),(3,'Cassie',30,'138****9105')]
```

可以看到,"Lily"的信息被删除。

19.2.5 事务和锁

在执行 SQL 语句时,由于某些业务要求,一些 SQL 语句必须全部执行,不能只执行一部分。例如卖出一件商品时,商品对应的库存减 1,同时商场的售出商品增加一条记录,这两个操作必须都执行或者都不执行,而不能只执行其中一个操作,这种把多条语句作为一个整体进行操作的功能,被称为数据库事务。

事务具有以下 4 个属性,统称为 ACID 属性。

(1)原子性(Atomicity):一个事务内的所有操作是不可分割的整体,要么都做,要么都不做。

(2)一致性(Consistency):事务必须使数据库从一个一致性状态变为另一个一致性状态,一致

性与原子性密切相关。

（3）隔离性（Isolation）：一个事务的执行不受其他事务影响，即并发执行时，各个事务之间互相隔离互不干扰。

（4）持久性（Durability）：一个事务一旦提交，它对数据库中数据的改变就是永久性的。

在数据库中，事务具有以下 4 个不同的隔离级别，如图 19-2 所示。

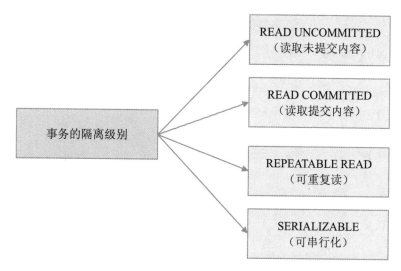

图 19-2　事务的 4 个不同隔离级别

事务的隔离级别通过锁的机制来实现，锁有不同的粒度，开启事务时会自动加锁。

Python DB API 2.0 的事务提供了两个方法，分别为：commit()方法和 rollback()方法。commit()方法将要执行的 SQL 语句进行提交，如果提交失败，调用 rollback()方法进行回滚，可以将数据库恢复到执行 SQL 语句之前的状态。在前面的增删改示例中已经使用过 commit()方法，但还没有用过 rollback()方法。其实在数据库操作中经常有异常出现，因此一般都需要使用 try…except 语句对异常进行捕获，而回滚操作一般都是在出现异常时执行。

【例】卖出商品时，在数据库中执行以下操作：商品库存表中商品数量减 1，销售表中增加一条销售记录。在编写代码之前，需要首先创建库存表 goods 和销售表 sell，并在库存表中增加相应记录。具体代码如下所示。

```python
import sqlite3

# 连接数据库文件,如果文件不存在,会创建数据库文件
conn=sqlite3.connect('chsproject.db')
# 通过连接获得游标
```

```
cursor=conn.cursor()
try:
    # 通过游标执行 SQL 语句
    cursor.execute('update goods set amount=amount-1 where item="礼品"')
    cursor.execute('insert into sell(id,goodid,amount) values(1,1,1)')
except Exception as e:
    print("db operation failed:",e)
    conn.rollback()
finally:
    # 关闭游标
    cursor.close()
    # 提交事务
    conn.commit()
    # 关闭连接
    conn.close()
```

19.2.6 分组聚合

假设数据库中有一张 employee 表用来存储员工信息，表中的部分数据信息见表 19-7。接下来介绍的内容将基于这张表来进行操作。

表 19-7　employee 表的部分数据信息

id（int）	name（varchar）	age（int）	sex（int）	salary（int）
1	Lily	35	0	9800
2	Sam	28	1	6500
3	Wendy	27	0	6500
4	Julie	32	0	8000
5	Brian	45	1	11000

SQL 语句中提供了一些聚合函数，这些聚合函数可以用来统计行数量、求和、求最大值、求最小值，等等，下面一一进行介绍。

SQL count ()函数可以用来统计指定列的行数，其语法格式如下所示。

```
select count(column_name) from table_name
```

例如，想要统计 employee 表中一共有多少条记录，可以使用如下 sql 语句。

```
select count(*) from employee
```

如果想统计固定列不同值的数目，可以添加 distinct 关键字，例如，想要统计 employee 表中有多少不同的工资数，可以使用如下 sql 语句。

```
select count(distinct salary) from employee
```

SQL sum ()函数可以用来统计指定列的和，其语法格式如下所示。

```
select sum(column_name) from table_name
```

例如，想要统计 employee 表中总工资数，可以使用如下 sql 语句。

```
select sum(salary) from employee
```

SQL max ()函数可以用来查询指定列的最大值，其语法格式如下所示。

```
select max(column_name) from table_name
```

例如，想要统计 employee 表中工资最高值，可以使用如下 sql 语句。

```
select max(salary) from employee
```

如果想要查询指定列的最小值，可以使用 min ()函数，其用法与 max ()函数相同。

SQL 语句还可以对查询结果进行分组。SQL 语句中对结果分组需要使用 group by 语句，group by 语句的语法结构如下所示。

```
select column_name1,column_name2…
from table_name
where…
group by column_name
```

group by 语句经常与聚合函数配合使用，用于统计某些数值，例如，想要统计 employee 表中按性别分组的工资和，可以使用如下的 sql 语句。

```
select sex,sum(salary) from employee group by sex
```

19.2.7　子查询与 join

子查询就是将一个查询的结果作为另一个查询的来源，是一种嵌套在其他 SQL 查询子句中的查询。

1. where 子查询

【例】使用 where 子查询在 employee 表中查询年龄大于 30 且工资大于 9000 的员工。SQL 语句如下所示。

```
select * from employee
where salary>9000 and name in (select name from employee where age>30)
```

2. exists 子查询

exists 子句用于判断子句中是否有记录，如果有至少一条记录则返回 True 否则返回 False。exists 子句的语法结构如下所示。

```
select column_name1,column_name2…
from table_name
where exists
    (select * from table_name where…)
```

【例】使用 exists 子查询在 employee 表中查询年龄大于 30 且工资大于 9000 的员工。SQL 语句如下所示。

```
select * from employee
where exists
    (select * from employee where age>30 and salary>9000)
```

3. join

join 用于将两个表进行连接。现在数据库中有 employee 表，我们新增一个 expense 表，expense 表用来表示员工需要报销的费用，expense 表的部分数据见表 19-8。

表 19-8　expense 表的部分数据

id（int）	employee_id（int）	type（varchar）	expense（int）
1	1	出差	1000
2	1	通信	200
3	5	出差	2000
4	5	通信	300
5	3	通信	100
6	10	出差	1500

expense 表中 employee_id 表示员工 id，type 表示报销费用的类型，expense 表示报销的金额，现在想要查看员工报销的详细信息，包括员工的姓名，工资，报销金额等，这种情况就需要将两个表通过 employee_id 联合起来，然后进行输出。SQL 语句如下所示。

```
select name,salary,type,expense
from employee
inner join expense
where employee. id= expense. employee_id
```

查询结果见表 19-9。

表 19-9　使用 inner join 返回的结果集

name	salary	type	expense
Lily	9800	出差	1000
Lily	9800	通信	200
Wendy	6500	通信	100
Brian	11000	出差	2000
Brian	11000	通信	300

这里使用的是 inner join，使用 inner join 连接两个表时，在满足 where 子句的条件下，返回所有匹配值。除了 inner join，SQL 语句中还有其他 join 语句，如下所示。

（1）left join：使用 left join 语句，即使右表中没有匹配，也从左表中返回所有行。如果联合查询的例子中使用的是 left join 语句，则返回的结果集见表 19-10。

表 19-10　使用 left join 返回的结果集

name	salary	type	expense
Lily	9800	出差	1000
Lily	9800	通信	200
Sam	6500	—	—
Wendy	6500	通信	100
Julie	8000	—	—
Brian	11000	出差	2000
Brian	11000	通信	300

（2）right join：使用 right join 语句，即使左表中没有匹配，也从右表中返回所有行。如果联合查询的例子中使用的是 right join 语句，则返回的结果集见表 19-11。

表 19-11　使用 right join 返回的结果集

name	salary	type	expense
Lily	9800	出差	1000
Lily	9800	通信	200
Wendy	6500	通信	100
Brian	11000	出差	2000
Brian	11000	通信	300
—	—	出差	1500

（3）full join：使用 full join 语句，查询到的结果是使用 left join 和 right join 语句查询结果的并集。如果联合查询的例子中使用的是 full join 语句，则返回的结果集见表 19-12。

表 19-12　使用 full join 返回的结果集

name	salary	type	expense
Lily	9800	出差	1000
Lily	9800	通信	200
Sam	6500	—	—
Wendy	6500	通信	100
Julie	8000	—	—
Brian	11000	出差	2000
Brian	11000	通信	300
—	—	出差	1500

19.2.8　数据库调优

数据库可以存储大量的数据，随着数据库中存储的数据越来越多，在数据库中查询的速度也会变得越来越慢，这时就需要考虑数据库的优化问题。

数据库调优需要综合考虑多种因素，对数据库优化的基本原则就是通过尽可能少的磁盘访问来获取数据。数据库调优可以从以下几个方面进行考虑。

（1）计算机硬件调优：利用数据库分区技术，将数据均匀地分配到各个磁盘中，从而提高 I/O 效率。

（2）应用程序调优：尽量减少对数据库的访问；在访问数据库时，尽量使用存储过程；与服务端建立连接时，可以建立连接池，使得连接可以重用，避免消耗资源。

（3）优化表结构：根据使用的数据库和应用的实际情况对表结构进行优化，提高查询速度。

（4）数据库索引优化：使用索引可以提高表的查询效率，优化索引可以避免扫描整个表，减少查询消耗的时间。

（5）SQL 语句优化：好的 SQL 语句也可以提高查询效率，例如用连接代替子查询可以提高查询速度。

19.3　Python 数据库编程——Oracle

使用 Python 进行数据库编程时，针对不同的数据库，连接方式可能略有不同，但建立连接之后执行 SQL 语句的操作都是类似的。

在 Python 中连接 Oracle 数据库，需要安装 cx_Oracle 扩展模块，该模块是由 Oracle 提供的供 Python 连接 Oracle 数据库的模块。想要获取有关 cx_Oracle 模块的相关资料可以访问以下链接：https://oracle.github.io/python-cx_Oracle/。在 Windows 系统中可以直接使用命令安装 cx_Oracle 模块。开启命令行窗口，输入以下命令：python -m pip install cx_Oracle --upgrade 即可直接安装，安装过程如图 19-3 所示。

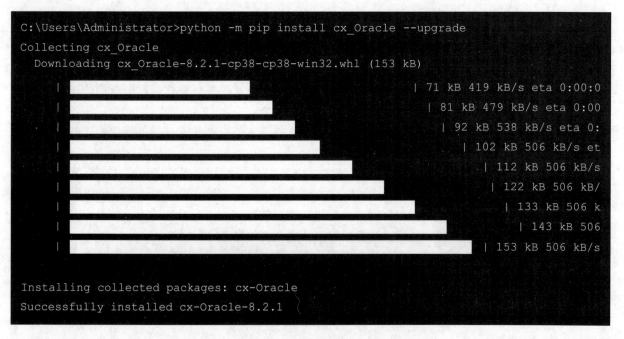

图 19-3　在命令行窗口安装 cx_Oracle 模块

cx_Oracle 模块安装完成后，就可以创建数据库连接了。创建数据库连接可以使用如下方式。

```
import cx_Oracle

# user 为用户名,password 为密码,host 为主机名,dbname 为数据库名称
conn=cx_Oracle.connect('user/password@host/dbname')
conn.close()
```

数据库连接建立后,后续执行 SQL 的操作就与使用 SQLite 相同了。

在 Python 中怎样进行数据库编程?

通过使用 Python 对 Oracle 和 MySQL 数据库进行编程,我们发现在 Python 中进行数据库编程首先要安装数据库对应的扩展模块,模块安装完成后,使用数据库特有的建立连接的方式创建数据库连接,接下来使用 SQL 语句操作数据库的部分就大体相同了。

19.4　Python 数据库编程——MySQL

在 Python 中连接 MySQL 数据库,需要安装 PyMySQL 模块,在 Windows 系统中可以直接使用命令安装 PyMySQL 模块。开启命令行窗口,输入以下命令:pip install PyMySQL 即可直接安装,安装过程如图 19-4 所示。

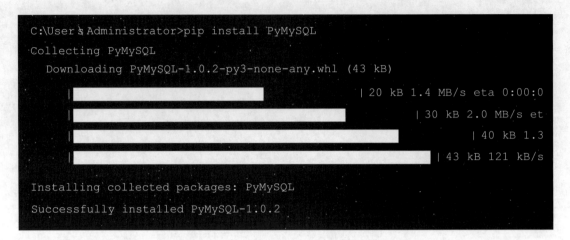

```
C:\Users\Administrator>pip install PyMySQL
Collecting PyMySQL
  Downloading PyMySQL-1.0.2-py3-none-any.whl (43 kB)
     |                                        | 20 kB 1.4 MB/s eta 0:00:0
     |                                        | 30 kB 2.0 MB/s et
     |                                        | 40 kB 1.3
     |                                        | 43 kB 121 kB/s

Installing collected packages: PyMySQL
Successfully installed PyMySQL-1:0.2
```

图 19-4 在命令行窗口安装 PyMySQL 模块

PyMySQL 模块安装完成后，就可以创建数据库连接了。创建数据库连接可以使用如下方式。

```
import pymysql


#  host 为主机名,user 为用户名,password 为密码,dbname 为数据库名称
conn=pymysql.connect("host","user","password","dbname")
conn.close()
```

数据库连接建立后，后续的执行 SQL 的操作就与使用 SQLite 相同了。

邀你来挑战 〈〈〈〈〈〈〈〈〈〈〈

SQL 中使用 avg()函数来获取某列数据的平均值。请利用这个函数统计 employee 表中高于平均工资的人员信息。参考 SQL 语句如下所示。

```
select *
from employee
where salary>(select avg(salary) from employee)
```

〈〈〈〈〈〈〈〈〈〈〈

第 20 章　网络编程

　　计算机网络把各个计算机通过路由器等设备连接在一起，使得各个计算机之间可以互相通信，而网络编程就是通过编写程序实现计算机与计算机之间的通信。在进行网络编程之前，需要先了解网络的基础知识，掌握计算机之间的通信过程，这样编写代码时才能游刃有余。

20.1　网络知识

计算机与计算机之间想要互相通信，必须遵守同样的通信协议。早期的计算机网络都是各个厂商自己规定一套协议，这种网络协议只适用于同一厂商的计算机，不同厂商的计算机之间互不兼容无法通信。这就好像大家使用同一种语言才能交流，如果一个说汉语，一个说德语，则无法互相理解。

为了建立更大范围的计算机网络，必须使不同厂家的计算机之间互相通信。为此，国际标准化组织 ISO 于 1981 年提出了开放系统互联模型（Open System Interconnection，OSI），这个标准模型的建立大大推动了网络通信的发展。

OSI 模型共分为七层，由下到上依次为：物理层（Physics Layer）、数据链路层（Data Link Layer）、网络层（Network Layer）、传输层（Transport Layer）、会话层（Session Layer）、表示层（Presentation Layer）和应用层（Application Layer），如图 20-1 所示。

除了 OSI 模型外，还有 TCP/IP 四层模型以及 TCP/IP 五层模型，OSI 模型中的应用层、表示层和会话层对应 TCP/IP 四层模型和五层模型中的应用层，OSI 模型和 TCP/IP 五层模型中的数据链路层和物理层对应四层模型中的网络接口层。OSI 七层模型、TCP/IP 四层模型、TCP/IP 五层模型三者之间的关系如图 20-1 所示。

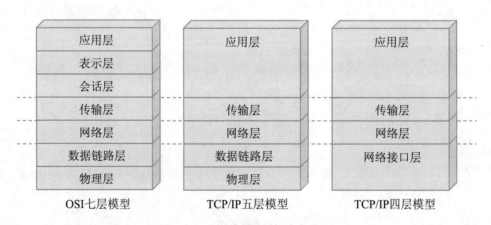

图 20-1　三种模型的对应关系

20.1.1　TCP/IP 协议

　　TCP 协议是传输层协议，IP 协议是网络层协议。由于 TCP 和 IP 协议是网络协议中最重要的协议，因此大家把互联网协议简称为 TCP/IP 协议。

　　IP 协议是表示网络之间互联的协议，它的全称为 Internet Protocol。它位于网络层，向上可以为传输层提供各种协议的信息，向下可以将 IP 信息包放到数据链路层传送。IP 协议不保证传送分组的可靠性和顺序，所传送的分组有可能丢失或者产生乱序。

　　TCP 协议是传输控制协议，它的全称为 Transmission Control Protocol。它位于传输层，是一种面向连接的、可靠的传输层通信协议。计算机与计算机之间实现通信其实是两台计算机之间的进程间互相通信，而两个进程间互相通信依靠的就是 TCP 协议。许多更高级的协议也是建立在 TCP 协议之上的，例如我们浏览网页时使用的 HTTP 协议，发送邮件时使用的 SMTP 协议，等等。TCP 协议通过三次握手建立连接（图 20-2），然后对每个 IP 包进行编号，从而确保对方按顺序接收，如果包在传输过程中丢失则自动重发。

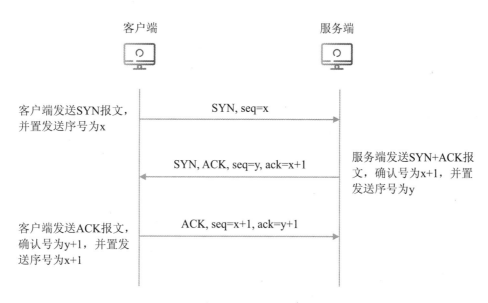

图 20-2　TCP 协议三次握手建立连接的过程

TCP/IP 协议是指多个协议吗？

　　其实，人们常说的 TCP/IP 协议不只包含 TCP 协议和 IP 协议，它是一个协议族，包含 FTP、SMTP、UDP、TCP、IP 等多种协议，在这些协议中，TCP 协议和 IP 协议最具有代表性，因此被称为 TCP/IP 协议。

20.1.2　IP 地址

　　互联网的出现极大地改变了人们的生活，现在人们可以使用电脑上网，使用 QQ 等通信工具聊天，还能在线看电影、视频等，我们在使用这些服务之前，都需要与服务进行连接，然后才能通信。那么，在互联网这个大网络中，用户的计算机是如何找到服务端的呢？

　　在现实生活中，我们要去商场买东西首先要知道商场的地址，在网络中也一样，想要与其他计算机进行连接也必须知道对方的地址。如果我们把整个因特网看成是一个大的网络，那么连接在这个网络中的每台计算机都有一个属于自己的唯一的标识符，这个标识符就是 IP 地址，它是一个 32 位的整数（IPv4），是每台计算机在网络中的地址，计算机与计算机之间进行连接和通信都需要依靠 IP 地址。

　　IPv4 协议中的 IP 地址是 32 位的整数，为了便于阅读，人们一般把 IP 地址的每八位分为一组，共分为 4 组，组与组之间使用 "." 分隔，最终将 IP 地址以 "×.×.×.×" 的形式来表示，例如 IP 地址 "192.168.1.199"。

　　随着互联网中的用户数逐渐增多，IPv4 中的地址已经无法满足需求，因此又提出了 IPv6 协议，IPv6 协议中的地址是 128 位整数。

20.1.3　路由和 DHCP

　　所有接入到网络中的计算机相互之间都能通信，好像都处于同一个网络，但其实，我们经常使用的计算机网络是由许许多多不同类型的网络互连而成的，这些网络是通过什么连接的呢？就是通过路由器。路由器从一个接口上收到数据包，根据数据包的目的地址，将数据包转发到另一个接口，这个过程就是路由，数据包从一台计算机传输到另一台计算机中间可能需要经过多个路由器。

　　路由器中可以配置 DHCP 服务。DHCP（Dynamic Host Configuration Protocol），即动态主机配

置协议，它通常应用于大型局域网中，可以为网络环境中的计算机动态的分配 IP 地址、网关地址和 DNS 服务器地址等，这个协议使得插上网线的计算机可以直接获取 IP 地址、加入新的网络而不需要手动配置。DHCP 协议是由服务器统一分配 IP 地址，因此能够提升 IP 地址的使用率。

20.2　socket 模块

20.2.1　socket 的作用

socket，即套接字，是网络编程的基本组件。它位于传输层和应用层之间，是应用层与 TCP/IP 协议族进行通信的中间层（图 20-3）。socket 向下对 TCP/IP 协议进行封装，向上为应用层提供接口，应用程序通过 socket 向网络发出请求或应答网络请求，使计算机与计算机之间可以互相通信。

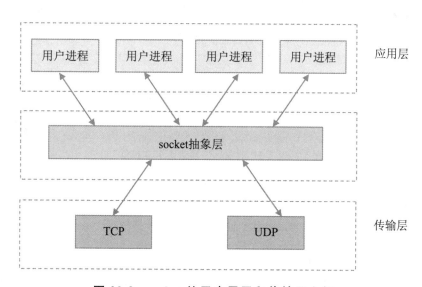

图 20-3　socket 处于应用层和传输层之间

20.2.2　套接字的常用方法

Python 中内置了套接字 socket 模块。在通信过程中，发起请求的一方被称为客户端，接收请求的一方被称为服务器端，所以套接字又分为服务器端套接字和客户端套接字。

服务器端套接字、客户端套接字和公共用途的常用套接字方法，分别见表 20-1、表 20-2 和表 20-3。

表 20-1　服务器端套接字常用方法

方法名称	描　　述
bind ()	绑定地址（host，port）到套接字
listen ()	开启监听
accept ()	接受 TCP 客户端的请求连接

表 20-2　客户端套接字常用方法

方法名称	描　　述
connect ()	与服务器端建立 TCP 连接
connect_ex ()	connect ()方法的扩展版本，出错时返回出错码而不是抛出异常

表 20-3　公共用途的常用套接字方法

方法名称	描　　述
recv ()	从套接字接收 TCP 数据，返回值是字节对象
send ()	向套接字发送 TCP 数据，返回值是发送的字节数
sendall ()	向套接字发送数据，与 send ()方法不同的是，本方法持续发送数据直到所有数据发送完毕或产生错误为止
recvfrom ()	从套接字接收 UDP 数据，返回值是（data，address）
sendto ()	向套接字发送 UDP 数据，address 是（ip，port）的元组，用来指定远程地址，返回值是发送的字节数
close ()	关闭套接字

20.3　TCP 编程

TCP 是面向连接的传输层协议，在传输数据之前，必须先建立连接。

20.3.1　使用 socket 通信的流程

使用 socket 模块可以创建客户端套接字和服务端套接字，客户端套接字和服务端套接字建立连接后就可以互相通信了。

客户端和服务端使用套接字进行通信的流程如图 20-4 所示。

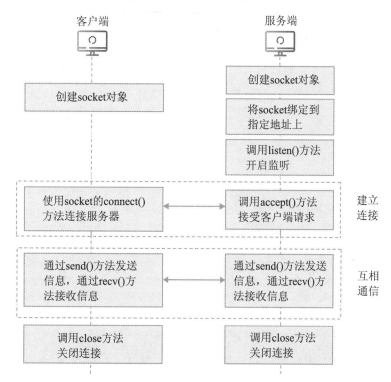

图 20-4　客户端和服务端使用套接字通信的流程

在建立 TCP 连接之前，首先要创建 socket 对象，在 Python 中，我们使用 socket 库中的 socket()
函数来创建 socket 对象，其语法格式如下所示。

```
socket.socket([family[,type[,proto]]])
```

参数说明：

• family：表示地址组，可以为 AF_INET、AF_INET6 或 AF_UNIX，默认为 AF_INET。

• type：表示套接字类型，面向连接的套接字使用 SOCK_STREAM（流套接字，默认值），面向
无连接的套接字使用 SOCK_DGRAM（数据报文套接字）。

• proto：一般取默认值 0。

在 Python 中，我们使用客户端 socket 和服务器端 socket 来建立 TCP 连接，所以 TCP 编程又分
为客户端和服务器端两部分。

20.3.2　服务端编程

服务端编程首先要创建一个 socket 对象，然后绑定一个地址和端口。为什么服务端编程需要绑定
端口呢？这是因为一个服务器端可能有多个网络程序，例如一个服务器端既可以部署网站，又可以安
装微信，当一个 IP 请求包发送过来时，与哪个网络程序建立连接就取决于端口号。端口号的取值范
围为 0～65535，一般选取 1024 以后的端口号，前面的已经被常用应用程序占用了。

绑定地址和端口号以后，就开始监听客户端的连接，连接建立以后就可以与客户端互相通信了。

【例】创建聊天程序的服务端。

创建聊天程序的服务端，服务端负责监听客户端，服务端与客户端建立连接以后可以与客户端进
行聊天：展示接收到的客户端消息并输入消息发送给客户端，当客户端输入 exit 时，断开连接，聊天
结束。具体代码如下所示。

```python
import socket  # 导入 socket 模块
import threading

def chat(sock,addr):
    print("Client connected.",addr)
    while True:
        # 接收客户端发送的数据
        str=sock.recv(1024).decode('utf-8')
        # 如果客户端发送的是 exit,则断开连接,否则打印消息
```

```
        if str=="exit":
            sock.close()
            print("Connect closed.")
            return
        else:
            print("client:",str)
        # 输入消息并发送给客户端
        str=input("请输入:")
        sock.send(str.encode('utf-8'))


def server():
    s=socket.socket()   # 创建 socket 对象
    host=socket.gethostname()   # 获取本地主机名
    print("Server started.")
    port=9999   # 设置端口
    s.bind((host,port))   # 绑定端口
    s.listen(5)   # 等待客户端连接
    while True:
        sock,addr=s.accept()   # 建立客户端连接
        # 创建新线程来处理 TCP 连接
        t=threading.Thread(target=chat,args=(sock,addr))
        t.start()


server()
```

20.3.3　客户端编程

　　客户端编程相对容易一些。客户端编程首先创建一个 socket 对象，然后使用 socket 对象与服务端的网络程序进行连接，连接成功之后就可以发送和接收数据了。
　　【例】创建聊天程序的客户端。
　　创建聊天程序的客户端，客户端与服务端建立连接以后可以与服务端进行聊天：展示接收到的服务端消息并输入消息发送给服务端，当输入 exit 时，断开连接，客户端程序运行结束。具体代码如下所示。

```python
import socket   # 导入 socket 模块

def client():
    sock=socket.socket()   # 创建 socket 对象
    host=socket.gethostname()   # 获取本地主机名
    port=9999   # 设置端口号
    sock.connect((host,port))   # 建立 socket 连接

    while True:
        # 输入消息并发送,如果输入 exit,则断开连接
        str=input("请输入:")
        if str=='exit':
            sock.send(str.encode('utf-8'))
            sock.close()   # 关闭连接
            print("Connection closed.")
            break
        else:
            sock.send(str.encode('utf-8'))
        # 接收消息
        str=sock.recv(1024).decode('utf-8')
        print("server:",str)

client()
```

分别运行服务端程序和客户端程序,并进行聊天,客户端的输出结果如下所示。

```
请输入:I am client.
server:I am server.
请输入:Nice to meet you.
server:Nice to meet you,too!
请输入:exit
Connection closed.
```

当客户端输入 exit 时,服务端与该客户端的连接断开,聊天结束,但服务端的主程序并没有结束,服务端仍然可以监听其他客户端的请求。服务端的输出结果如下所示。

```
Server started.
Client connected: ('192.168.1.107',51288)
```

```
client:I am client.
请输入:I am server.
client:Nice to meet you.
请输入:Nice to meet you,too!
Connect closed.
```

20.4 UDP 编程

TCP 是面向连接的传输协议，而 UDP 是无连接的传输协议，使用 UDP 协议传输数据不需要像 TCP 协议那样先建立连接，只需要知道对方的 IP 地址和端口号就可以使用 UDP 协议发送数据包，但是不确定发送的数据包一定能到达。

虽然 UDP 传输数据不一定可靠，但是传输速度快。对于不追求可靠性的数据可以使用 UDP 协议传输。

【例】使用 UDP 协议完成聊天程序。

使用 UDP 协议的服务端程序，代码如下所示。

```python
import socket   # 导入 socket 模块


def chat(sock):
    while True:
        # 使用 recvfrom()方法接收 UDP 数据
        data,addr=sock.recvfrom(1024)
        data=data.decode('utf-8')
        # 如果客户端发送的是 exit,则断开连接,否则打印消息
        if data=="exit":
            print("Connect closed. ")
            return
        else:
            print("client:",data)
        # 输入消息并发送给客户端
```

```
        data=input("请输入:")
        # 使用 sendto()方法发送 UDP 数据
        sock.sendto(data.encode('utf-8'),addr)


def server():
    # 使用 UDP 协议创建 socket 对象时,type 选用报文格式 socket.SOCK_DGRAM
    s=socket.socket(socket.AF_INET,socket.SOCK_DGRAM)
    host=socket.gethostname()    # 获取本地主机名
    print("Server started.")
    port=9999    # 设置端口
    s.bind((host,port))    # 绑定端口
    chat(s)


server()
```

使用 UDP 协议的客户端程序，代码如下所示。

```
import socket    # 导入 socket 模块


def client():
    # 使用 UDP 协议创建 socket 对象时,type 选用报文格式 socket.SOCK_DGRAM
    sock=socket.socket(socket.AF_INET,socket.SOCK_DGRAM)    # 创建 socket 对象
    host=socket.gethostname()    # 获取本地主机名
    port=9999    # 设置端口号
    addr=(host,port)
    while True:
        # 输入消息并发送,如果输入 exit,则断开连接
        str=input("请输入:")
        if str=='exit':
            sock.sendto(str.encode('utf-8'),addr)
            sock.close()    # 关闭连接
            print("Connection closed.")
            break
        else:
            sock.sendto(str.encode('utf-8'),addr)
        # 接收消息
```

```
str,addr=sock.recvfrom(1024)
str=str.decode('utf-8')
print("server:",str)

client()
```

●●●● 编程宝典 ●●●●

TCP 编程和 UDP 编程的应用场景

TCP 协议适用于对数据准确性要求高的应用场景：文件传输，邮件的收发，等等。

UDP 协议适用于即时通信，对数据准确性要求不高的应用场景：IP 电话，实时视频会议，等等。

20.5 I/O 多路复用

I/O 多路复用，这里的 I/O 指的是网络的 I/O，多路是指有多个 TCP 连接，复用是指复用一个线程，因此 I/O 多路复用是指复用一个线程来处理多个 TCP 连接。I/O 多路复用是 I/O 模式的一种，是使用单线程来处理多并发的 I/O 操作方案。

I/O 多路复用是一种事件驱动 I/O。在 Python 中，可以使用 select()函数和 poll()函数来实现 I/O 多路复用，它的基本原理是：函数不断地轮询所负责的所有 socket，当某个 socket 有数据到达了，就通知用户进程。

邀你来挑战 ‹‹‹‹‹‹‹‹‹‹‹‹

HTTP 协议是建立在 TCP 协议之上的一种应用，当我们使用浏览器访问网站时，浏览器和网站的服务器之间建立了 TCP 连接，请使用网络编程模拟浏览器，获取网站的内容。具体代码如下所示。

```
import socket  # 引入 socket 模块

def socket_client():
    sock=socket.socket()  # 创建 TCP 类型的 socket
    host="www.baidu.com"  # 设置服务端地址
    addr=(host,80)  # 80 为网站默认端口号
    sock.connect(addr)  # 使用 socket 建立连接
    # 发送数据
    sock.send(b'GET/HTTP/1.1\r\nHost:www.baidu.com\r\nConnection:close\r\n\r\n')
    # 使用 buffer 表示接收的数据
    buffer=[]
    # 循环接收数据
    while True:
        data=sock.recv(1024)
        if data:
            buffer.append(data)
        else:
            break
    d=b"".join(buffer)
    header,html=d.split(b'\r\n\r\n',1)
    # 使用 with 语句打开文件,并将 html 写入文件
    with open('baidu.html','wb') as f:
        f.write(html)
    sock.close()

socket_client()
```

第 21 章　GUI 编程

在计算机中，除了大量的文字和数据，图形也必不可少，比如登录界面就需要用到各种常见的控件，如各种文本框和按钮，等等。这就需要进行界面布局。

也许你会好奇，图形也能使用编程呈现出来吗？当然可以，这就涉及 GUI（图形用户界面）编程了。

GUI 编程可以利用按钮、窗口之类的控件对界面进行设置，极大丰富了界面的形式，接下来，我们就一起来揭开 GUI 编程的神秘面纱吧！

21.1　初识 GUI

　　GUI 是指图形用户界面，从字面上很容易理解，这是一个用户界面，里面有图形的存在，举个最简单的例子，你是不是经常登录各种网站主页，其一开始的用户登录界面就可以看作是图形用户界面，在 GUI 中，用户不仅可以键入文本，还可以看到窗口、按钮等图形，键入文本方式也比较多样。

　　GUI 是一种和程序进行交互的方式，有 3 个基本要素：输入、输出和处理（图 21-1）。

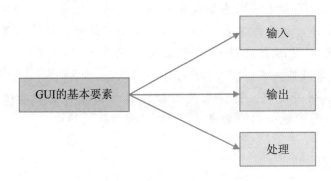

图 21-1　GUI 的 3 个基本要素

 # 21.2　Python GUI 库

　　关于 Python 的 GUI 开发，有很多工具包可以提供给我们对应的函数和控件，每个工具包都有它的优缺点，我们选择最常见的 wxPython 来进行介绍，然后通过常见的用户登录界面对 GUI 编程进行简单分析。

　　wxPython 是一个成熟而且特性丰富的跨平台 GUI 工具包，可以创建完整、功能齐全的 GUI 用户界面。

　　下载 wxPython 工具包时，需要先在官方网站 http://wxpython.org 中找到该工具包并进行下载，下载完成后再进行安装，其安装过程非常简单，只需要使用一行 pip 命令即可，如下所示。

```
pip install -U wxPython
```

Python GUI 库是什么？

　　Python GUI 库听上去像是一个软件的名称，实际上它不是只有一个库，正如自定义函数一样，在自定义函数中，包含了很多函数，Python GUI 库也包含了多个库，其中，有几个库很丰富，可以满足大多程序员的开发需求，比如 Tkinter、PyGObject、PyGUI、wxPython，等等。

　　在 GUI 库中包含着很多部件，部件就相当于零件，是一系列图形控制元素的集合。在设置图形用户界面时，经常使用层叠方式，即众多图形控制元素直接叠加起来。

21.3　创建应用程序

　　在了解什么是 GUI 并下载了 Python GUI 库之后，我们就可以着手编写 GUI 程序了，可以试着编写图形用户界面，在界面中显示出图形。那么 GUI 程序是什么样的，其中包含了哪些要素，又涉及哪些对象呢？

21.3.1　创建应用程序不可缺少的基础对象

　　编写 GUI 程序，我们首先要知道其面对的基础对象是谁？那就是应用程序对象和顶级窗口（图 21-2）。

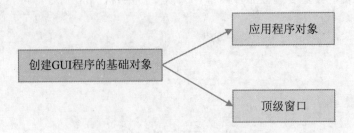

图 21-2　创建 GUI 程序的基础对象

应用程序对象管理主事件循环，主事件循环是 wxPython 程序的动力，因为有了应用程序对象，所以 wxPython 应用程序才能运行。

顶级窗口通常用于管理最重要的数据，控制并呈现给用户，同时顶级窗口还管理着窗口中的组件和其他的分配给它的数据对象，十分重要。

窗口以及他的组件会因为用户的动作，如点击等触发事件。

21.3.2　做好创建类准备工作

在开始创建应用程序之前，我们有可能会用到类，所以可以创建一个没有任何功能的子类，创建一个 wx.App 子类的步骤如图 21-3 所示。

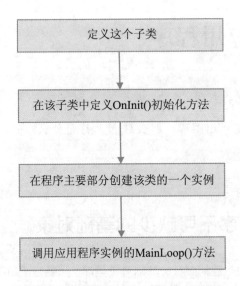

图 21-3　创建 wx.App 子类的步骤

创建子类的代码并不复杂，可以通过继承父类派生出来，为什么要创建子类呢？因为在应用程序中可能含有多个窗口，子类的创建就解决了多个窗口的出现。

【例】创建 wx. App 的子类，具体代码如下所示。

```python
import wx  # 导入 wxPython


class App(wx.App):
    def OnInit(self):
        frame=wx.Frame(parent=None,title='Hello ')  # 创建窗口
        frame.Show()  # 显示窗口
        return True  # 返回值


if __name__=='__main__':
    app=App()  # 创建 App 类的实例
    app.MainLoop()
```

上述代码中，定义了一个子类 App()，它继承父类 wx. App，并包含一个初始化方法 OnInit()，通过创建类的实例，就可以调用该类，然后通过 MainLoop()主循环方法，就可以完成程序的运行。

当然，如果程序之中只有一个窗口，那我们就不用创建子类，直接创建 wx. App 即可。

【例】直接使用 wx. App 创建窗口，具体代码如下所示。

```python
import wx  # 导入 wxPython


app=wx.App()  # 初始化 wx.App 类
frame=wx.Frame(None,title="Hello")  # 定义了一个顶级窗口
frame.Show()  # 显示窗口
app.MainLoop()  # 调用 wx.App 类的 MainLoop()主循环方法
```

21.3.3　wx. Frame 框架

在 GUI 之中总是少不了窗口的存在，窗口实际上就是框架，相当于一个容器，里面"盛放"着标题栏、菜单栏等，用户可以移动该窗口，也可以对它进行缩放。

在 wxPython 中，有一个父类存在，它是所有框架的父类，那就是 wx. Frame。如果你创建类 wx. Frame 的子类，当你调用时，可以使用父类的构造函数 wx. Frame.__init__()，其语法格式如下。

```
wx.Frame(parent,id=-1,title="",pos=wx.DefaultPosition,size=wx.DefaultSize,
style=wx.DEFAULT_FRAME_STYLE,name="frame")
```

参数说明：

- parent：表示窗口的父窗口，通常顶级窗口的值是 None。
- id：表示新窗口的 wxPython ID 号，通常设为-1。
- title：表示窗口的标题。
- pos：表示一个 wx.Point 对象，它指定新窗口的左上角的位置，通常（0，0）是显示器的左上角。
- size：表示一个 wx.Size 对象，用来指定该窗口的初始尺寸。
- style：表示指定窗口的类型的常量。
- name：表示窗口的名字。

创建 wx.Frame 的子类其实很简单，你只需要实例化 wx.Frame 类，然后通过方法传递参数即可。

【例】创建自定义窗口类，该窗口类为 wx.Frame 的子类，生成自定义窗口类的实例化对象，并显示该窗口，具体代码如下所示。

```python
import wx   # 导入 wxPython

class MyFrame(wx.Frame):
    def __init__(self,parent,id):
        wx.Frame.__init__(self,parent,id,title="创建 Frame",
                        pos=(200,400),size=(200,100))


if __name__ == "__main__":  # 如果是主执行脚本
    app=wx.App()   # 初始化应用
    frame=MyFrame(parent=None,id=-1)   # 实例 MyFrame 类,并传递参数
    frame.Show()   # 显示窗口
    app.MainLoop()  # 调用 MainLoop()主循环方法
```

21.4　常用控件

在 GUI 编程设计中，常见的控件有两类，一类是文本类，另一类是按钮类（图 21-4），它们在图形界面设计中起着重要的作用，不可忽视。

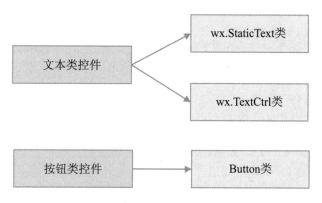

图 21-4　GUI 编程常见的控件

21.4.1　StaticText 类

我们在图形用户界面中最常见的就是纯文本，它必不可少，发挥着重要的作用。我们经常会对文本的格式进行设置，比如对齐方式、字体、颜色等。在 wxPython 中，当然也不会缺少这一功能，文本的展示可用 StaticText 类，其构造函数格式如下。

```
wx.StaticText(parent,id,label,pos = wx.DefaultPosition,size = wx.DefaultSize,
style=0,name="staticText")
```

参数说明：

- parent：表示父窗口部件。
- id：表示标识符。
- label：表示在静态控件中显示文本信息。
- pos：表示窗口部件的位置。

- size：表示窗口部件的尺寸。
- style：表示样式标记。
- name：表示对象的名字。

wx. StaticText 类在 GUI 编程中该如何使用呢？请看如下示例。

【例】使用 wx. StaticText 类进行 GUI 编程，具体代码如下所示。

```
import wx

class MyFrame(wx.Frame):
    def __init__(self,parent,id):
        wx.Frame.__init__(self,parent,id,title="创建 StaticText 类",pos=(100,
100),size=(500,400))
        panel=wx.Panel(self)
        # 创建标题,并设置字体
        title=wx.StaticText(panel,label='Python 的魔力',pos=(100,20))
        font=wx.Font(16,wx.DEFAULT,wx.FONTSTYLE_NORMAL,wx.NORMAL)
        title.SetFont(font)
        wx.StaticText(panel,label='Python 简单易学',pos=(50,90))

if __name__=="__main__":# 如果是主执行脚本
    app=wx.App()  # 初始化应用
    frame=MyFrame(parent=None,id=-1)  # 实例 MyFrame 类,并传递参数
    frame.Show()  # 显示窗口
    app.MainLoop()  # 调用 MainLoop()主循环方法
```

使用 StaticText 类可以输出很长的字符串，如果你的图形用户界面需要很多文本，使用该类是一个不错的选择。

21.4.2　TextCtrl 类

wx. StaticText 类只能够用于显示纯粹的静态文本，但我们生活中，时常会遇到双方进行交互的情况，这时就需要使用 wx. TextCtrl 类，它允许输入单行和多行文本，可以作为密码输入控件，具有很强的灵活性。

wx. TextCtrl 类的构造函数的基本格式如下。

```
wx.TextCtrl (parent,id,value="",pos=wx.DefaultPosition,size=wx.DefaultSize,
style=0,validator=wx.DefaultValidator,name=wx.TextCtrlNameStr)
```

在 wx.TextCtrl 类中有很多参数，它们有不一样的含义，在实际应用中，并不是每一个参数都要使用，下面介绍参数 style 的可选值。

wx.TE_CENTER：代表控件中的文本文字居中。

wx.TE_LEFT：代表控件中的文本文字左对齐。

wx.TE_RIGHT：代表控件中的文本文字右对齐。

wx.TE_NOHIDESEL：文本始终高亮显示，只适用于 Windows。

wx.TE_PASSWORD：隐藏所键入的文本，显示 "·"。

wx.TE_PROCESS_ENTER：当修改参数时，用户在控件内一旦按下<Enter>键，文本输入事件将被触发。

wx.TE_PROCESS_TAB：当指定该样式时，在按下<Tab>键时创建。

wx.TE_READONLY：用户不能修改其中的文本，为只读模式。

参数 value：显示初始文本。

参数 validator：常用于过滤数据并保证数据是可以被键入的数据。

在了解这些参数之后，你是不是对 wx.TextCtrl 类输入动态文本有了更加深入的认识，那么，它们在编程之中又是如何应用的呢？请看以下示例。

【例】使用 wx.StaticText 类和 wx.TextCtrl 类创建登录界面，具体代码如下所示。

```python
import wx

class MyFrame(wx.Frame):

    def __init__(self,parent,id):
        wx.Frame.__init__(self,parent,id,title="创建 TextCtrl 类",size=(400,300))
        # 创建面板
        panel=wx.Panel(self)
        # 创建文本和输入框
        self.title=wx.StaticText(panel,label="请输入用户名和密码",pos=(140,20))
        self.label_user=wx.StaticText(panel,label="用户名:",pos=(50,50))
        self.text_user=wx.TextCtrl(panel,pos=(100,50),size=(235,25),style=
 wx.TE_LEFT)
        self.label_pwd=wx.StaticText(panel,pos=(50,90),label="密码:")
        self.txt_password=wx.TextCtrl(panel,pos=(100,90),size=(235,25),style=
wx.TE_PASSWORD)

    if __name__=='__main__':   # 如果是主执行脚本
        app=wx.App()
        frame=MyFrame(parent=None,id=-1)   # 实例 MyFrame 类,并传递参数
```

```
frame.Show()    #  显示窗口
app.MainLoop()
```

在上述代码中，我们利用 wx.TextCtrl 类生成用户名，并且设置控件中的文本左对齐，利用 wx.TextCtrl 类生成密码，并且设置文本用圆点代替，从而达到可以交互的目的，其数据也拥有更高的灵活性。

21.4.3　Button 类

按钮是 GUI 界面中应用最为广泛的控件，按钮类的使用也比较简单，常常在单击时使用。

在 wxPython 类库中，有很多不同类型的按钮，最常用的是 wx.Button 类，其构造函数的格式如下所示。

```
wx.Button(parent,id,label,pos,size=wxDefaultSize,style=0,validator,name=
"button")
```

其中，wx.Button 的参数与 wx.TextCtrl 的参数大体相同，参数 label 是在按钮上显示的文本。

在 GUI 编程设计中，按钮类又是如何发挥作用的呢？仍旧以登录界面为例，在登录界面中，添加"确定"和"取消"两个按钮，其部分程序代码如下所示。

```
#  创建"确定"和"取消"按钮
self.bt_ok=wx.Button(panel,label='确定',pos=(105,130))
self.bt_cancel=wx.Button(panel,label="取消",pos=(195,130))
```

•••• ● 编程宝典 ● ● ••••

巧妙使用控件让界面更加美观

回想一下自己看到的图形用户界面，它们是不是非常简洁大方，给你很好的观感。界面的呈现不在于控件种类的多少，有时简简单单的控件就能形成很好的界面。

常用控件的种类有三种，但除此之外，还有很多控件，比如 Scale 进度条、Scrollbar 滚动条等，它们可以用在展示进度等界面中，给人更好的观感。

21.5　布局

我们在实际应用中发现，无论窗口是放大还是缩小，其控件的位置是不会变动的，这是因为控件的位置是绝对位置。

但是，当我们设置了控件之后，你会发现，控件的位置会跟随窗口的变动而改变，这是因为你没有使用布局。那么，怎样才能让界面的布局看上去更加合理和美观呢？

在 wxPython 中，sizer（尺寸器）让布局更加智能，更加美观。实际上，sizer 是用于自动布局一组窗口控件的算法，被添加在一个容器之中（该容器通常是个框架或面板）。这样，当 sizer 被附加到容器时，就可以管理它所包含的子布局。

wxPython 提供了 5 个 sizer，每个 sizer 都有不同的作用（图 21-5）。

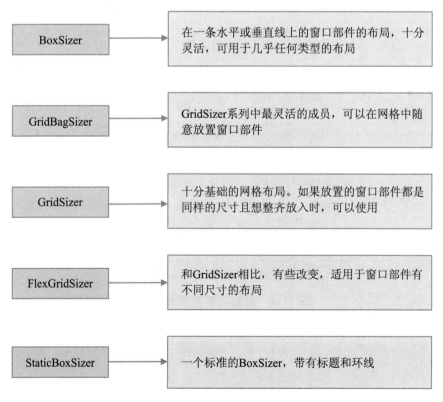

图 21-5　wxPython 的 sizer 种类以及作用

对于大多数的应用程序来说，其界面肯定不止有一个控件，如果把所有的窗口进行垂直或者水平排列，是不是看着会更加合理呢？使用 sizer 可以让布局更加灵活，每个 sizer 都是独立的个体，可以互相嵌套，这就让我们在布局时更加得心应手。

sizer 作用很强大，那么，我们该如何将控件添加到 sizer 中呢？答案就是使用 Add()方法，其语法格式如下，各种参数含义见表 21-1。

```
BoxSizer.Add(control,proportion,flag,border)
```

表 21-1　Add()方法的参数以及含义

Add()方法的参数	参数含义
control	要添加的控件
proportion	所添加控件在代表方向上占据的空间比例。如无论 sizer 的大小，控制按钮的比例始终一致
flag	flag 参数与 border 参数结合使用可以指定边距宽度
border	控制所添加控件的边距，即在部件之间添加一些空白

其中，flag 参数与 border 参数结合使用可以指定边距宽度（图 21-6）。

图 21-6　控制边距宽度的方式

flag 参数也可以与 proportion 参数结合，这样就可以指定控件本身的排列方式（图 21-7）。

wx.ALIGN_LEFT	左边对齐
wx.ALIGN_RIGHT	右边对齐
wx.ALIGN_TOP	顶部对齐
wx.ALIGN_BOTTOM	底边对齐
wx.ALIGN_CENTER_VERTICAL	垂直对齐
wx.ALIGN_CENTER_HORIZONTAL	水平对齐
wx.ALIGN_CENTER	居中对齐
wx.EXPAND	控件将占有sizer定位方向上所有可用的空间

图 21-7　指定控件本身的排列方式

　　在了解了如何将控件添加到容器之后，我们就可以着手进行布局了。下面仍旧以登录界面为例，使用 Add()方法进行布局，详细地介绍使用 BoxSizer 会对登录界面布局产生怎样的效果。

　　【例】使用布局来设计登录界面，具体代码如下所示。

```
import wx

class MyFrame(wx.Frame):
    def __init__(self,parent,id):
        wx.Frame.__init__(self,parent,id,title="用户登录",size=(400,300))
        panel=wx.Panel(self)
        # 创建"确定"和"取消"按钮
        bt_confirm=wx.Button(panel,label="确定")
        bt_cancel=wx.Button(panel,label="取消")
        tle=wx.StaticText(panel,label="请输入用户名和密码")
        label_user=wx.StaticText(panel,label="用户名:")
```

```
        text_user=wx.TextCtrl(panel,style=wx.TE_LEFT)
        label_pwd=wx.StaticText(panel,label="密码:")
        txt_password=wx.TextCtrl(panel,style=wx.TE_PASSWORD)
        # 添加容器,容器中控件横向排列
        hsizer_user=wx.BoxSizer(wx.HORIZONTAL)
        hsizer_user.Add(label_user,proportion=0,flag=wx.ALL,border=5)
        hsizer_user.Add(text_user,proportion=1,flag=wx.ALL,border=5)
        hsizer_pwd=wx.BoxSizer(wx.HORIZONTAL)
        hsizer_pwd.Add(label_pwd,proportion=0,flag=wx.ALL,border=5)
        hsizer_pwd.Add(txt_password,proportion=1,flag=wx.ALL,border=5)
        hsizer_button=wx.BoxSizer(wx.HORIZONTAL)
        hsizer_button.Add(bt_confirm,proportion=0,flag=wx.ALIGN_CENTER,bor-
der=5)
        hsizer_button.Add(bt_cancel,proportion=0,flag=wx.ALIGN_CENTER,bor-
der=5)
        # 添加容器,容器中的控件纵向排列
        vsizer_all=wx.BoxSizer(wx.VERTICAL)
        vsizer_all.Add(tle,proportion=0,flag=wx.BOTTOM|wx.TOP|wx.ALIGN_CEN-
TER,border=15)
        vsizer_all.Add(hsizer_user,proportion=0,flag=wx.EXPAND|wx.LEFT|
wx.RIGHT,border=45)
        vsizer_all.Add(hsizer_pwd,proportion=0,flag=wx.EXPAND|wx.LEFT|
wx.RIGHT,border=45)
        vsizer_all.Add(hsizer_button,proportion=0,flag=wx.ALIGN_CENTER|
wx.TOP,border=15)
        panel.SetSizer(vsizer_all)

    if __name__=='__main__':  # 如果是主执行脚本
        app=wx.App()
        frame=MyFrame(parent=None,id=-1)   # 实例 MyFrame 类,并传递参数
        frame.Show()  # 显示窗口
        app.MainLoop()
```

在布局的上述代码中,通过创建按钮和文本控件完成登录界面必要元素之后,下一步就是将这些控件添加到容器(sizer)中,并且在水平和垂直方向进行排列设置。如何实现控件之间位置的布局呢?通过设置每个控件的 flag 和 border 参数(利用图 21-6 中参数进行设置),这就可以用 BoxSizer 将绝对位置布局更改为相对位置布局。布局的方式和种类有很多,需要你多加探索。

21.6　事件处理

在 GUI 设计中，当我们完成布局以后，势必要和用户产生互动，不能只是单方面的输入，而要有所回应，在 wxPython 中，就有这样的功能，可以进行事件处理。

和平常生活中的事件不同，在 GUI 编程中，用户执行的动作被称为事件，比如单击按钮、单击鼠标，就是一个单击事件，而 wxPython 的事件处理功能就是对这些事件做出处理。

例如，当我们进入登录界面时，当输入用户名和密码之后，通常会点击"确定"按钮，这时程序该怎么处理呢？那就是对用户名和密码进行检验并输出对应的提示信息。

当事件发生时，该如何让程序注意到事件从而做出相符合的反应呢？可以进行事件绑定，即将函数绑定到事件发生的控件上。这样，当事件发生时，就会调用相应的函数，从而做出处理。例如，可以为点击"确定"按钮绑定事件处理，代码如下。

```
bt_confirm.Bind(wx.EVT_BUTTON,OnclickSubmit)
```

wx.EVT_BUTTON：该变量代表事件的类型，说明该事件类型为按钮类型。在 wxPython 中有很多事件类型，它们代表不同的事件（图 21-8）。

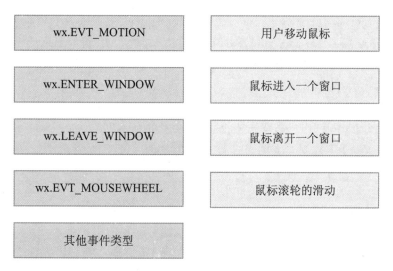

wx.EVT_MOTION	用户移动鼠标
wx.ENTER_WINDOW	鼠标进入一个窗口
wx.LEAVE_WINDOW	鼠标离开一个窗口
wx.EVT_MOUSEWHEEL	鼠标滚轮的滑动
其他事件类型	

图 21-8　不同的事件类型

下面仍旧以登录界面的设计为例，当点击"确定"按钮时，对用户名和密码进行检验，如果分别为"yhm"和"password"，则弹出"登录成功"的对话框，否则提示"请重新输入用户名或密码，当点击"取消"按钮时，则清空数据。该如何绑定事件并做出事件处理呢？

【例】在登录界面中，为"确定"和"取消"按钮绑定事件函数，具体代码如下所示。

```python
import wx

class MyFrame(wx.Frame):
    def __init__(self,parent,id):
        wx.Frame.__init__(self,parent,id,title="用户登录",size=(400,300))
        panel=wx.Panel(self)
        # 创建"确定"和"取消"按钮
        self.bt_confirm=wx.Button(panel,label="确定")
        self.bt_cancel=wx.Button(panel,label="取消")
        # 用户名和密码以及确定和取消按钮的布局参考 21.5 的示例代码
        # ……
        panel.SetSizer(self.vsizer_all)
        # 创建确定和取消按钮并绑定事件
        self.bt_confirm.Bind(wx.EVT_BUTTON,self.OnclickSubmit)
        self.bt_cancel.Bind(wx.EVT_BUTTON,self.OnclickCancel)

    def OnclickSubmit(self,event):
        '''单击确定按钮时执行的方法'''
        username=self.text_user.GetValue()  # 获取输入的用户名
        password=self.txt_password.GetValue()  # 获取输入的密码
        if username=="user" and password=="123456":
            message="登录成功"
        else:
            message="用户名或密码不正确,请重新输入"
        wx.MessageBox(message)  # 弹出提示框

    def OnclickCancel(self,event):
        '''单击"取消"按钮时执行的方法'''
        self.text_user.SetValue("")  # 清空输入的用户名
        self.txt_password.SetValue("")  # 清空输入的密码

if __name__=='__main__':  # 如果是主执行脚本
```

```
app=wx.App()
frame=MyFrame(parent=None,id=-1)   # 实例 MyFrame 类,并传递参数
frame.Show()   # 显示窗口
app.MainLoop()
```

上述代码中，按钮 bt_confirm 和 bt_cancel 分别使用 Bind()函数将单击事件绑定到 OnclickSubmit()和 OnclickCancel()方法，单击"确定"按钮时，执行 OnclickSubmit()方法判断用户名和密码是否正确，运行 wx.MessageBox()函数，弹出提示框，单击"取消"按钮时，执行 OnclickCancel()方法。

当然，事件处理方法多样，不仅仅有一种处理方式，但前提是我们需要将事件和控件绑定起来。

邀你来挑战　《《《《《《《《《《

相信你现在已经熟悉图形用户界面的相关元素，我们需要用到文本、窗口、按钮等元素，还需要对每个空间进行布局，来确保它们的相对位置不会发生改变。下面，请你制作一个吐槽弹幕的界面，你会如何制作这个图形用户界面呢？

提示：参考本章 21.5 的示例代码进行布局，参考本章 21.6 的示例代码绑定事件。

《《《《《《《《《《

第 5 篇

应用开发

第 22 章　Python Web 后端开发

Python 应用的领域有很多，其中就包括 Web 开发（网站开发）领域。网站中存在着很多页面以及大量的数据，使用 Python 可以快速完成网站的设计和开发，因为它有强大的后端开发框架，可以助你快速完成代码设计。

那么，什么是 Web 后端开发框架呢？它有什么作用？接下来就让我们一起来认识一下吧！

22.1　初识 Web 开发

当你打开浏览器，并在浏览器中输入网站的地址，浏览器中就会显示该网站的内容，包括网站的首页以及其他页面的情况。

这个网站为什么可以和浏览器连接呢？这之间又是怎样传输设计的呢？这涉及 Web 开发，一般可以分为前端和后端开发（图 22-1）。

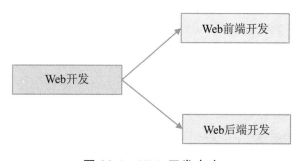

图 22-1　Web 开发内容

22.1.1　Web 开发简介

Web 开发实际上就是关于网站的设计，根据其使用对象，可以分为前端和后端开发，由于侧重点不同，它们使用的结构以及所使用的编程语言都有所不同。

前端和用户使用息息相关，包括 Web 页面的结构、Web 的外观视觉表现、Web 层面的交互设计等，直接和用户进行交互，主要是以 HTML、CSS、JavaScript 等技术为主（图 22-2）。

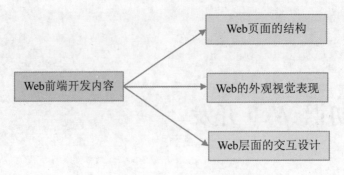

图 22-2　Web 前端开发的内容

后端主要涉及数据库的应用与处理、实现功能的逻辑、数据的存取、平台的稳定性和性能，等等，更多的是用户无法直接看到的"后台处理"等，其所使用的编程语言多样，主要有 Python、Java、PHP、ASP. NET，等等（图 22-3）。

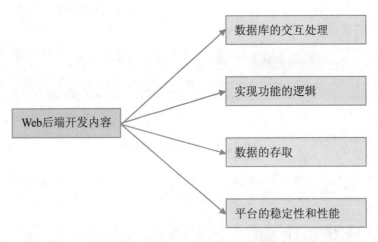

图 22-3　Web 后端开发的内容

Web 的前端开发与后端开发相结合，共同构成了网站的功能，使得用户可以通过浏览器访问该网站，并在该网站中实时获得自己需要的信息。

22.1.2　网络框架及 MVC 架构

了解了 Web 开发之后，你是不是对如何创建一个网站充满了好奇？别着急，在开始后端开发之前，你需要先了解网络框架和 MVC 架构，这有助于提高你的工作效率，减少重复的业务逻辑代码的使用，就像"分类"一样，让你更清晰了解 Web 开发。

什么是网络框架呢？在 Python 中，网络框架不是指用于处理网络应用底层的协议、线程和进程等，而是指用来处理网站应用业务逻辑的一组 Python 包。不要小看这组 Python 包，它可以帮你减少很多任务量，让你只需要关注业务逻辑而不需要花费过多时间关注底层实现，同时，使用 Python 包可以大大提高应用程序的质量。

在 Python 语言中存在几十个开发框架，其中，比较特别并且经常被使用的是全栈网络框架。在全栈网络框架中，不仅封装了网络和线程操作，而且具有 HTTP 栈、数据库读写、HTML 模板等功能，十分强大（图 22-4）。

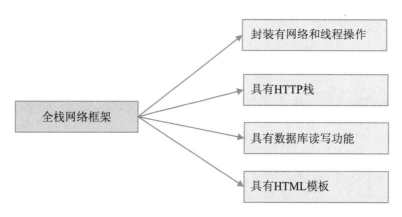

图 22-4　全栈网络框架的功能

有了这些框架，接下来就应该使用这些框架进行 Web 开发，那么，我们该利用什么方法或者说什么模式进行 Web 开发呢？答案就是 MVC 架构。

MVC 就是软件架构的一种模式，该模式将 Web 应用系统分成 3 个基本部分（图 22-5）。进行开发时，只需要专注这 3 个部分的搭建即可，大大减少了工作任务，让 Web 开发结构变得更加清晰。

模型部分：用来处理应用程序的数据逻辑，封装其业务逻辑的相关数据和处理办法，该部分提供功能性接口，具有独立性。可以通过这些接口获取 Model 的所有功能及其数据，有的模型还具有事件通知机制，可以为在上面注册过的视图和控制器实时更新数据。

视图部分：从名字就可以看出，该部分的功能是呈现和显示数据和图形，视图对用户直接输出，注册到模型后就可以显示实时的更新数据。

控制器部分：和视图部分相反，该部分从用户端收集用户输入的信息，当输入的信息导致视图发生变化后，模型会通过视图进行反映。

在 MVC 架构下，三个部分相互分离，各自负责不同的功能，这样就不需要重写业务逻辑代码和数据访问代码，让工作效率得以提高。一般，控制器不能直接和视图进行联系，这样做的好处是可以保持业务数据的一致性（图 22-6）。

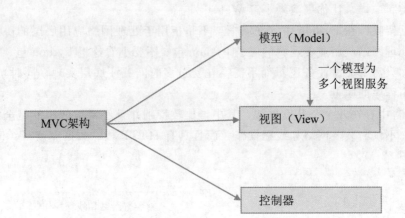

图 22-5　MVC 架构的基本部分

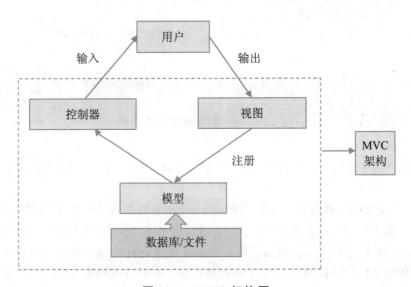

图 22-6　MVC 架构图

MVC 是一种软件架构模式，因此，它具有广泛的应用，不仅可以在 Python 后端开发中使用，还可以在其他开发框架中应用，如 VC++ 的 MFC、C♯ 的 . NET，等等。

22.2　Python Web 后端开发主流框架

在 Python 中，存在几十个网络框架，种类有很多。那么，具体在实际应用中，我们该如何选择呢？一般我们选择全栈网络框架，这样可以提高工作效率，目前，主流的 Python Web 后端开发框架有 4 种（图 22-7），它们各有优势。

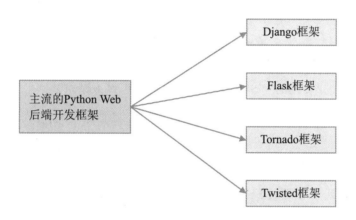

图 22-7　主流的 Python Web 后端开发框架

22.3　基于 Django 企业级框架的 Web 后端开发

Django 框架是应用最广泛的网络框架，它具有非常齐全的官方文档，包括缓存、ORM/管理后台、验证、表单处理，等等，改写功能的存在让数据库的驱动变得更加简单，不仅如此，Django 还十分简单灵活。Django 框架拥有高度定制的 ORM 和数量巨多的 API，可以完成很多功能。因此，很多企业都会优先使用 Django 进行 Web 开发，Django 框架在 Web 开发中具有举足轻重的地位。

22.3.1 Django 项目创建

在创建 Django 项目之前，我们需要先安装 Django 框架，可以在虚拟环境（virtualenv）中安装，安装命令为：pip install Django==3.0.4。

接下来，我们就可以创建项目了，在上述虚拟环境中使用如下命令。

```
django-admin startproject blog
```

此时，你打开 PyCharm 编辑器，在任务栏中打开 blog 项目，你会发现，其目录结构有所变化，在新生成的目录结构中，记录着 Django 项目的各项文件，其各项文件含义以及说明如下。

manage.py：Django 程序的入口，属于命令行工具。

blog/__init__.py：空文件，代表这个目录是 Python 包。

blog/settings.py：Django 总的配置文件，可对 App、数据库、模板等选项进行配置。

blog/urls.py：Django 默认的路由配置文件。

blog/wsgi.py：Django 实现的 WSGI 接口文件，可处理 Web 请求。

创建完 Django 项目之后，就可以运行该项目了，其过程为：进入到 blog 目录，使用以下代码执行如下命令。

```
python manage.py runserver
```

这时，我们可以看到服务器已经开始监听端口的请求了，如果你此时在浏览器中输入网址 http://127.0.0.1:8000，你就可以看到一个 Django 首页了。

22.3.2 WSGI 原理

WSGI 的全称是 Web Server Gateway Interface，指的是服务器网关接口，这是 Web 服务器和 Web 应用程序或框架之间的一种接口，这种接口简单又通用，充当了一个"桥梁"的作用，可以通过该接口进行用户数据处理并返回相应的页面。

在 WSGI 中，存在着接受请求和处理请求的两方，即服务器（Server）和应用（Application），它们二者的底层是通过 FastCGI 进行联系，即当服务器接收到请求之后，通过 Socket 将环境变量和回调函数（Callback）传给应用，应用在完成相应的界面之后再通过回调函数传送给服务器，这样，服务器就可以将该界面返回给客户端，最终完成页面传送（图 22-8）。

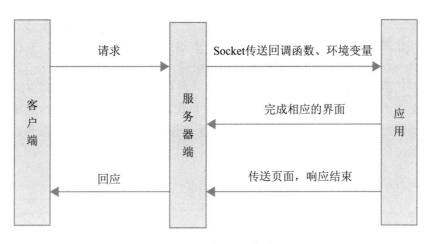

图 22-8   WSGI 工作原理

22.3.3   Session 与 Cookie 机制

在 Web 程序中，有很多的客户端会通过服务器进行访问，如果可以记录客户端的状态，就会对 Web 应用程序形成极大的便利，而 Session 机制就是这样一种机制，用来记录客户端的状态，并将这些信息存储在服务器之中。同样，它的缺点也很明显，那就是会增加服务器的存储压力。

Session，我们通常把它译为会话，这是客户端浏览器和服务器之间进行交互的对象，记录了会话所需的属性信息。当 Session 被创建之后，就可以在其中添加相应的内容，这样，当客户端浏览器再次访问时，只需要从该 Session 中查找该客户的状态就可以找到对应的内容（图 22-9）。

图 22-9   Session 机制工作原理

Session 机制虽然简单，但它会增加服务器的存储压力。能不能将这些信息存储在客户端的浏览器之中呢？

Cookie 机制的出现是为了解决客户端的问题，服务器会接收客户端的信息，但我们该如何确定这些请求是否来自同一个客户端呢？这就需要进行会话跟踪。

Cookie 是一种由服务器向客户端发送的特殊信息，该信息以文本文件的方式存储在客户端。

Cookie 机制是怎么发挥作用的呢？当客户端向服务器发出请求时就会带上这些特殊信息。服务器接收请求之后需要返回相应的信息到客户端，然后服务器会通过分析 Cookie 信息得到客户端特有的信息，从而动态生成相对应的内容（图 22-10）。

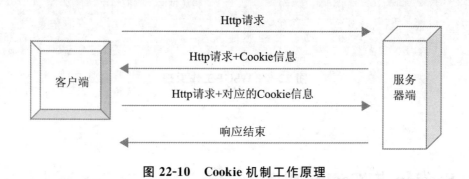

图 22-10　Cookie 机制工作原理

那么，拥有这样的机制有什么好处呢？比如我们可以在很多网站的登录界面中看到"请记住我"的选项，该选项的功能就是通过 Cookie 实现的。

Cookie 就是这样的一种机制，用来弥补 HTTP 协议无状态的不足，实际上它就是 HTTP 协议的一个补充和扩展。

Cookie 机制和 Session 机制的区别

Cookie 机制和 Session 机制有什么区别呢？二者的区别主要体现在存储位置之中，Cookie 机制通过检查存储在客户端浏览器之中的"Cookie 信息"来确定客户端的身份，而 Session 机制通过检查存储在服务器的"Session 信息"确定客户端的身份。

22.3.4　MTV 与模型建模

并不是所有的网络框架都会使用 MVC 架构模式，还有一种架构模式也可以很好地搭建出 Web 的业务逻辑和框架，那就是 MTV 模式。

MTV 模式是 Model-Template-View 的首字母组合，即模型、模板和视图，其过程为：用户向服务器发起请求时，首先访问视图函数，视图函数再去调用模型，模型去数据库中查找数据；其次，再依次将数据返回给模型、视图函数；再次，视图函数把返回的数据放到网页（模板中相应的位置）；最后，将该网页返回给用户（图 22-11）。

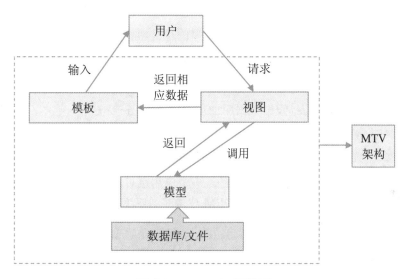

图 22-11　MTV 架构图

如果不涉及数据的调用，那么过程会变得非常简单，即请求访问视图函数，视图函数直接返回相应的网页给用户。

实际上，MTV 模式和 MVC 模式的本质相同，都是为了保持各组件之间的松耦合关系，二者模块化程度高，调用起来比较方便。

22.3.5　ORM 与模型应用

什么是 ORM 呢？这个名词你听起来可能觉得很陌生，但其实这就是一种对象关系映射的模式。

Python 编程入门与项目应用

在实际应用中，并不存在所有的对象和数据库完美的——对应的现象，ORM 技术可以解决这种面向对象和关系数据库不匹配的问题，它通过使用描述对象和数据库之间映射的元数据，将对象采用硬编码的方式或者为每一种可能的数据库提供单独的访问方法将描述对象持久化到关系数据库之中（图 22-12）。

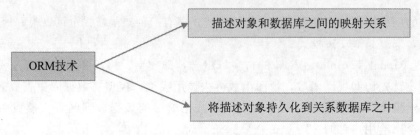

图 22-12 ORM 技术特点

在关系数据库之中，模型会自动对应数据库表，其命名规则是采用驼峰法命名，将首字母大写，其名称一般为去掉数据库表的前缀，由于模型会自动对应数据库表，因此如果你想要让该模型对应其他数据库表就需要重新设置。例如：

模型名	约定对应数据表(假设数据库的前缀定义是 actor_)
User	actor_user
UserType	actor_user_type

在 Django 项目中可以包含多个应用，同样的，一个应用也可以在多个项目中使用，使用 Django 编写 Web 应用时，首先需要你定义模型，即使用 ORM 技术对关系型数据进行操作，其部分代码如下。

```python
from django.db import models  # 引入 django.db.models 模块

class User(models.Model):
    # User 模型类,数据模型应该继承于 models.Model 或其子类
    id=models.IntegerField(primary_key=True)  # 主键
    username=models.CharField(max_length=40)  # 用户名,字符串类型
    email=models.CharField(max_length=25)   # 邮箱,字符串类型

class Article(models.Model):
    # Article 模型类,数据模型应该继承于 models.Model 或其子类
    id=models.IntegerField(primary_key=True)  # 主键
    title=models.CharField(max_length=120)  # 标题,字符串类
    content=models.TextField()  # 内容,文本类型
    publish_date=models.DateTimeField()  # 出版时间,日期时间类型
    user=models.ForeignKey(User,on_delete=models.CASCADE)  # 设置外键
```

— 366 —

●●●● **编程宝典** ●●●●

模型的特点

有的人会将模型理解为对数据库的查询，这是错误的。数据库的查询方法和模型完全不同。

第一，模型更加关注你的业务逻辑，而不是数据查询。

第二，避免将模型和数据库表对应起来，因为，只有在业务逻辑非常简单时这二者才有一一对应的关系，当业务逻辑变得复杂时，二者并不是一一对应的关系。

22.3.6　RESTful

在各种 Web 接口中，有不同的接口类型，而 REST 就用来定义接口名，该接口名一般为名词。RESTful 实际上是一种架构，通过事先定义好的接口去实现不同的服务，在该结构中，浏览器对指定的 URL 资源根据四种不同请求方式进行增删改查操作（图 22-13）。

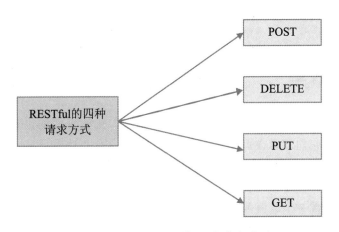

图 22-13　RESTful 的四种请求方式

例如，我们有一个 timetable 接口，对于"课表"我们有增删改查四种操作，其代码如下。

```
增加堂课,uri:generalcode.cn/v1/timetable 接口类型:POST
删除堂课,uri:generalcode.cn/va/timetable 接口类型:DELETE
```

修改堂课，uri:generalcode.cn/va/timetable 接口类型:PUT

查找堂课，uri:generalcode.cn/va/timetable 接口类型:GET

这里定义的四个接口都符合 REST 协议，RESTful 通过 URL 实现对资源的管理及访问。

RESTful 有很多特点，比如每个 URL 就代表 1 种资源，资源的表现形式是 XML 或者 HTML（图 22-14）。

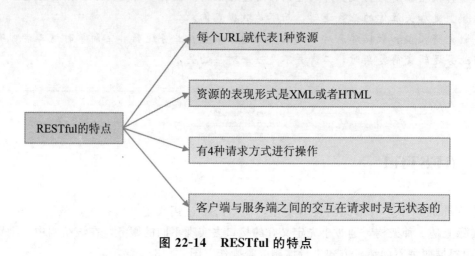

图 22-14　RESTful 的特点

22.3.7　表格与表单

在进行 Web 后端开发时，一定少不了前端的某些知识，比如页面的设计，其中就会有表格和表单的使用。那么，你知道它们二者在页面设计中分别起着什么作用吗？

在 HTML 中，表格是由 table 元素以及一个或多个 tr、th、td 元素组成（图 22-15），主要用于页面布局，被用来存放数据。

表单和表格不同，更像一个取值范围，表单是一个包含表单元素的区域。其中，表单元素是指用户在允许的表单范围内输入信息的元素（图 22-16），主要负责数据的传输，比如将数据传输到下一页，等等。

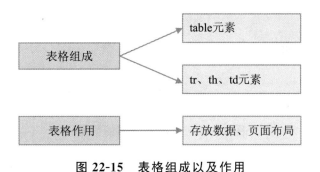

图 22-15　表格组成以及作用

图 22-16　表单组成以及表单元素区域

　　表格和表单之间并不是孤立的，之间也可以有联系，我们可以在表格里面包含表单，亦可以在表单里面包含表格，比如，当文本框或其他数据需要提交到后台程序时，这些元素就需要放到一个表单当中，这样才能完成数据的提交。

22.3.8　前后端分离

　　Web 在开发之初是没有前后端分离的概念的，所以经常是所有的代码都糅合在一起，比如 PHP 之中有 JS，JSP 中有 JS，JS 之中有 HTML 等，代码中的数据结构十分混乱，没有 API 的概念，数据在各处传输，不易维护。

　　为了更好地维护代码结构，同时提高 Web 开发的效率，我们可以采取前后端分离的方式，使用单一职责，即前端和后端分别负责不同的任务和目的，完成不同的功能。

　　那么，在前后端分离的应用模式中，会发生什么样的改变呢？后端只需要返回前端需要的数据即可，不用渲染 HTML 界面，而前端负责用户看到的网页以及后端数据传输到前端的方法。这样一来，网页和 App 就会有自己的处理方式，后端只需要开发业务逻辑对外提供数据即可（图 22-17）。

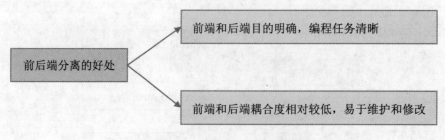

图 22-17　前后端分离的好处

在前后端分离的模式中，通常把后端开发的视图称为接口或者 API，前端就通过访问这些接口对数据进行操作。

22.3.9　Celery 集成

Celery 是一种处理库，可以采用异步分布式对任务进行异步处理，也可以定时执行任务，其使用方式有两种，分别为使用 django-celery 应用，也可以直接使用 Celery（图 22-18）。

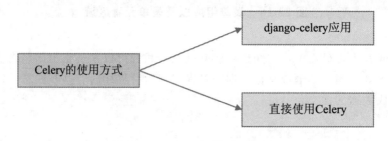

图 22-18　Celery 的使用方式

通常，如果在 Django 中需要执行一些比较耗时的任务，如发邮件或爬虫，可以直接使用 Celery 管理 Django 中的任务。

22.3.10　Django 项目部署

Django 项目部署的操作步骤如下。
第一步，配置环境，安装必备的库。
第二步，进行数据库迁移。

第三步，修改 Django 中的配置文件，修改 settings.py。

第四步，修改首页的访问地址。

第五步，查看进程，保证其端口未被占用。

第六步，启动项目。

22.4　基于 Flask 微型框架的 Web 后端开发

Flask 是一种微型的网络框架，依赖于两个外部库，即 Werkzeug 和 Jinja2。其中，Werkzeug 是一个 WSGI 工具集，而 Jinja2 则负责渲染模板。

Flask 的设计理念为只保留核心，然后通过引入对应的机制增加功能。因此，Flask 的扩展环境十分丰富，在 Web 开发的每个环节上几乎都有和它相对应的扩展机制，甚至开发者也可以自己实现一个相应的扩展机制（图 22-19）。

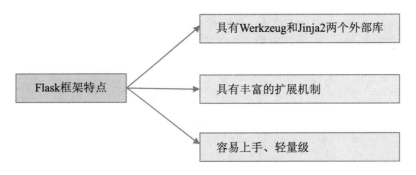

图 22-19　Flask 框架特点

Flask 入门简单且使用广泛，是初学者较为理想的网络框架，不需要太多、太复杂的 Web 开发知识，只要具备基本的 Python 开发技能，就可以开发出一个结构简单的 Web 应用。

在安装 Flask 框架之前，首先需要安装 Flask 框架的两个外部库，安装方式比较简单，那就是安装 Virtualenv 虚拟环境，其安装命令如下所示。

```
pip install virtualenv
```

当虚拟环境安装成功之后，接下来就是创建虚拟环境相关的文件夹并激活该虚拟环境了，其命令为：

```
virtualenv env   # 创建虚拟环境相关文件夹
env\Scripts>activate   # 激活虚拟环境
```

最后，我们需要安装 Flask 框架，其使用的安装命令为：

```
pip install flask
```

当以上步骤完成之后，我们就可以编写 flask 程序了，当然最简单的应该是输出文本了，比如输出 "我是 Python" 文字，其代码如下。

```
from flask import Flask

app=Flask(__name__)


@ app. route('/')
def world():
    return '我是 Python'


if __name__=='__main__':
    app. run(debug=True)
```

在以上代码中，通过 from 语句导入了 Flask 类，将该类实例化就是我们运行的 WSGI 应用程序，在实例类名中第一个参数 name 表示该应用程序的应用模块名称，然后使用 route ()装饰器定义类的方法，即告诉 Flask 触发函数的行为，最后构造实例方法，调用该方法需要返回并显示 "我是 Python" 的文本信息。

邀你来挑战   «««««««««

你现在是不是对 Web 开发有了更加深入的认识，了解客户端和服务器是如何进行数据传输的，对 Web 的前端和后端的 "职责" 有了明确的认识，并了解了网络框架和架构模式，你想不想试着搭建一个简单的网站？网站包括登录界面，一旦输入正确的用户名和密码网站就进入下一个界面。

«««««««««

第 23 章 Python 爬虫开发

　　随着互联网的发展，网络信息量变得越来越庞大，网络带来便利的同时，也提供了很多无意义的信息，这为人们查找有价值的信息带来阻力。网络爬虫可以按照一定规则，自动获取网络上的网页信息、数据或者文件等，通过网络爬虫，我们可以利用计算机自动获取有用的信息，从而节省时间和精力。

23.1　爬虫概述

网络爬虫，又被称为网页蜘蛛、网络机器人。如果把网络比喻成蜘蛛网，则网络爬虫就是蜘蛛网上的蜘蛛，蜘蛛按照设定的规则来获取有价值的信息并将这些信息从网络中抓取下来。网络爬虫按照系统结构和实现技术，大致可以分为以下四种类型（图 23-1）。

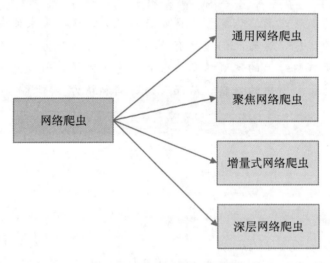

图 23-1　网络爬虫的类型

23.2　爬虫的原理和基本步骤

爬虫抓取资源时使用 URL 做资源定位。URL（Uniform Resource Locator），即统一资源定位符，就是我们浏览网页时使用的网址。

网络爬虫从一个初始 URL 开始，先抓取一个网页，然后在这个网页中发现指向其他网络地址的超链接，接着根据超链接的地址访问下一个网页，如此往复直到爬完所有网络（图 23-2）。具体步骤如下所示。

（1）设置初始 URL，该 URL 一般由用户指定，爬虫将从初始 URL 开始爬取。

（2）爬取 URL 对应的网页，并从网页中获取新的 URL，将新 URL 存入队列中。

（3）从 URL 队列中读取新的 URL 并重复步骤（2）和（3）。

（4）设置停止条件，程序将根据条件停止或者一直运行直到无法获取新的 URL 地址。

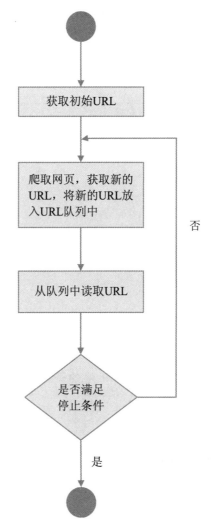

图 23-2　网络爬虫的基本工作流程

拨 开 迷 雾

爬虫抓取的数据量太大怎么办？

爬虫可以从一个网页爬取整个网络信息，能够爬取的数据量非常大，那么如何控制爬虫爬取的数据呢？

这就需要在爬取数据时设置条件并且对爬取的数据进行过滤，好的条件设置可以帮助我们过滤掉不需要的和重复的数据信息，节省大量时间。

还可以使用一些爬虫算法，如 pagerank 算法，pagerank 算法可以为网页排名，计算哪个网页更重要，从而依照网页排名进行数据爬取。

23.3 urllib 模块

在 Python 中内置了 urllib 模块，该模块是一个网络工作库，它提供了一些和网络编程相关的子模块，见表 23-1。

表 23-1 urllib 中的子模块

子模块	说　　明
urllib. request	该模块定义了一些方法和类，用于打开 URL
urllib. error	该模块中主要定义了异常类
urllib. parse	该模块提供 URL 解析和 URL 引用的功能
urllib. robotparser	该模块提供解析 robots. txt 文件的功能

urllib 模块中，最常用的是打开 URL 的功能，使用 request 子模块中的 GET 和 POST 可以方便地抓取 URL 对应的内容。

23.3.1　GET 请求

使用 urllib. request 模块中的 urlopen ()函数可以发送一个 GET 请求获取 URL 对应的网页内容。

【例】使用 urlopen ()函数获取百度网站首页的网页内容。具体代码如下所示。

```python
from urllib import request # 引入 request 子模块

def get_request():
    url='http://www.baidu.com' # 定义 url
    with request.urlopen(url) as f:# 使用 with 语句打开 url
        html=f.read()# 使用 html 保存网页内容
        print(html)# 打印网页内容

get_request()
```

运行以上代码，控制台将打印出网页内容。

23.3.2　POST 请求

GET 请求和 POST 请求的区别在于，使用 GET 请求时参数是通过 URL 传递的，而使用 POST 请求时，参数是放在 request body 中传递的。

【例】模拟 POST 请求。具体代码如下所示。

```python
from urllib import request,parse

def post():
    # data 表示要传输的数据
    data=bytes(parse.urlencode({'word':'python'}),encoding='utf-8')
    # response 表示应答对象
    response=request.urlopen('http://httpbin.org/post',data=data)
    # html 表示网页内容
    html=response.read()
    print(html)

post()
```

运行程序，输出结果如下所示。

b'{\n"args":{},\n"data":"",\n"files":{},\n"form":{\n"word":"python"\n},\n
"headers":{\n"Accept-Encoding":"identity",\n"Content-Length":"11",\n
"Content-Type":"application/x-www-form-urlencoded",\n"Host":"httpbin.org",\
n"User-Agent":"Python-urllib/3.8",\n"X-Amzn-Trace-Id":"Root=1-60f6440a-
53b946864f5f910a7878d5f2"\n},\n"json":null,\n"origin":"222.129.54.100",\n
"url":"http://httpbin.org/post"\n}\n'

 编程宝典

http 测试工具：httpbin

httpbin 是一个 http 服务，该服务可以用来测试 http 库。用户可以向 httpbin 发送请求，httpbin 服务将按照规则对请求进行回应。httpbin 服务同时支持 http 和 https，所以在进行与 http 相关的测试时，都可以使用 httpbin。

23.4 Beautiful Soup

Beautiful Soup 是一个第三方库，它的内部封装了很多函数，可以用来处理导航、搜索、修改分析树等功能。它可以方便地解析 HTML 和 XML 文件，当我们使用 Python 获取到 html 文件后，使用 Beautiful Soup 对 HTML 解析，可以方便地获取想要抓取的内容。

使用 Beautiful Soup 不需要考虑编码方式，它自动将输入文档转换为 Unicode 编码，将输出文档转换为 UTF-8 编码。

在 Windows 操作系统中，可以使用 pip 命令来安装 Beautiful Soup 库，命令如下所示。

```
pip install beautifulsoup4
```

想要使用 Beautiful Soup 库，还需要安装 lxml 解析器，它的安装命令如下所示。

```
pip install lxml
```

邀你来挑战 ≪≪≪≪≪≪≪≪≪≪

创建一个爬虫应用程序，将网站 "https：//www. wenjian. com/" 首页（网站域名为虚构，仅作示例展示）中的所有关联文件下载到本地。参考代码如下所示。

```python
import os
from bs4 import BeautifulSoup
from urllib.request import urlretrieve
from urllib import request


def download():
    url='https://www.wenjian.com/'
    os.makedirs('./file/',exist_ok=True)  # 创建目录存放文件
    # 获取网页 html
    html=request.urlopen(url).read()
    # 创建 BeautifulSoup 对象
    soup=BeautifulSoup(html,'lxml')
    # 获取所有的 a 标签
    a_urls=soup.find_all('a')
    for url in a_urls:
        print(url)
        href=url['href']  # 获取 href 属性
        print(href)
        try:
            # urlretrieve 方法直接将远程数据下载到本地
            urlretrieve(href,'./file/{}'.format(href.split('/')[-1]))
        except Exception as e:
            print(e)


download()
```

第 24 章 Python 大数据开发与人工智能开发

　　随着计算机存储能力的不断提升以及网络的不断发展，近年来教育、医疗、科研、通信、电子商务等各个领域的数据量成指数型增长，如何对庞大的数据进行处理成为近年来大数据领域研究的焦点。与此同时，人工智能的发展使得一些机器可以替代人类的工作，为人们的生活带来便利。

　　大数据开发与人工智能开发都是当前研究的热点，那么 Python 在其中扮演什么角色呢？如何利用 Python 进行大数据开发与人工智能开发呢？下面一起来探索其中奥秘。

24.1　Python 与大数据开发

24.1.1　大数据概述

随着 5G 移动技术、机器学习、云计算、并行计算、区块链等新技术的飞速发展，教育、医疗、科研、电子商务等各个领域的数据量呈现几何指数增长，如何对庞大的数据进行分析、从大数据中提取有价值的信息，都是大数据领域需要解决的问题。

大数据的计算方式和存储方式与传统数据不同。传统的数据处理采用集中式计算和集中式存储，而大数据通常采用分布式计算和分布式处理。

大数据的处理方式与传统数据也不相同。传统数据通常存储于一台服务器上，当负载过大时，通过纵向扩展，增强服务器的硬件配置来解决问题。例如为服务器增加内存、更换更高性能的服务器，等等。而大数据负载过大时，通过横向扩展，即通过增加服务器的数量，将数据分布于多台服务器上来解决问题。

大数据开发从文件系统、数据管理、业务计算再到数据分析工具，需要多种计算机技术（图 24-1）。大数据技术能够从庞大的数据中挖掘出隐藏的信息，为人类社会经济活动提供依据，满足人类更高的精神和生活需求。

24.1.2　Python 进行大数据挖掘与分析

Python 简单易用，而且支持跨平台、易扩展，不仅如此，Python 还是开源的，并且有很多用于数据科学的类库，这些特点在大数据分析环境中很重要，因此越来越多的企业开始使用 Python。从图 24-1 中我们可以看到，Python 在大数据开发中可以作为数据分析工具使用。

使用 Python 进行数据分析，一般需要以下几个步骤（图 24-2）。

图 24-1　大数据用到的技术

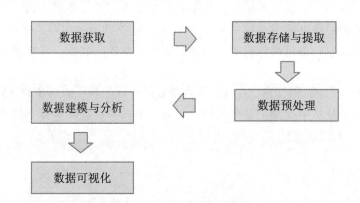

图 24-2　数据分析流程

（1）数据获取。获取外部数据主要通过以下两种方式。一是一些科研单位、企业、政府公开的一些数据，这些数据可以从特定的网站去下载。二是使用爬虫。通过爬虫，可以获取招聘网站的某些特定职位的招聘信息，可以获取某些地段的房屋租赁信息，也可以获取豆瓣 TOP100 的电影信息，等等。通过 Python 编写爬虫程序可以轻松实现数据的获取。

（2）数据存储与提取。使用数据库存储数据，用 SQL 语言对数据进行增删改查等操作。

（3）数据预处理。我们爬取的数据可能存在各种问题，例如数据重复、数据缺失、数据异常，等等。所以在进行数据分析之前需要对数据进行预处理：把重复的数据清理掉，补充或删除缺失的数据，对异常数据进行修改。在 Python 中，可以使用 pandas 库来对数据进行预处理。pandas 是 Python 的一个扩展程序库，它是一个开源程序库，提供了高性能、易于使用的数据结构，是一个强大的分析结构化数据的工具集。

（4）数据建模与分析。数据建模与分析需要用到大量数学知识：统计学基础知识，统计量的描述与展示，假设检验，常用的回归分析，基本的分类、聚类算法，等等。scikit-learn 是针对 Python 语言的免费软件机器学习库。它支持各种分类、回归和聚类算法，使用 scikit-learn 库可以方便地对数据建模和分析。

（5）数据可视化。使用 Python 进行可视化分析，对分析结果进行展示。

Python 在大数据开发中有哪些作用？

大数据开发涉及很多技术，Python 只是大数据开发使用的多种技术之一。Python 在爬取数据，对数据进行处理等方面发挥重要作用。当然，这也要依赖于 Python 的第三方库。

24.2　Python 与人工智能开发

24.2.1　人工智能概述

人工智能（Artificial Intelligence），英文缩写为 AI，是计算机科学的一个分支，它主要研究一些理论、方法、技术以及应用，用于模拟、延伸和扩展人的智能。人工智能旨在研究和开发智能实体，使其具有像人类一样的思考能力。

人工智能主要用到以下四种主要技术（图 24-3）。

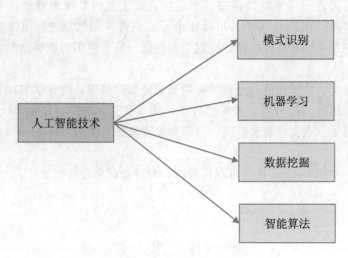

图 24-3　人工智能技术

(1) 模式识别。模式识别是指对表征事物或者现象的各种形式信息（文字或者逻辑关系等）进行处理和分析的过程，例如对车牌号进行识别、对人脸进行识别，等等。

(2) 机器学习。机器学习是研究计算机怎么模拟或者实现人类的学习行为，就是让机器能像人类那样自我学习自我提升，自己获得新的知识和技能，并能重新组织已有的知识结构，不断改善自身的知识体系。机器学习是一门多领域交叉学科，涉及概率论、统计学、逼近论、凸分析、算法复杂度理论等多门学科，它是实现人工智能的核心技术，是使计算机或者其他智能设备具有智能的根本解决办法。

(3) 数据挖掘。数据挖掘为机器学习提供知识，它通过算法挖掘出有价值的信息，并将信息应用于市场分析、行为预测，等等。

(4) 智能算法。智能算法是指为解决某一类问题的特定模式算法，例如最短路径问题、工程预算问题，等等。

目前，人工智能已经应用于各种领域：机器人领域（人工智能机器人）、语音识别领域（智能客服语音系统）、图像识别领域（人脸识别、车牌识别）、专家系统（具有专门知识和经验的计算机智能程序系统），等等。

●•••● **编程宝典** ●•••●

弱人工智能、强人工智能与超人工智能

我们现已实现的人工智能都是弱人工智能，弱人工智能是指在某个方面擅长的人工智能，例如 AlphaGo 击败了人类职业围棋选手，成为第一个战胜围棋世界冠军的人工智能机器人，但是它只会下围棋，如果你要它做其他事情或者向它咨询其他问题，它并不知道怎么处理。人工智能下一阶段要实现的是强人工智能。强人工智能是指在各方面都能与人类比肩的人工智能。人工智能的终极目标是超人工智能。超人工智能是指在各个领域都比人类更强的人工智能。

24.2.2　Python 与人工智能

Python 能够成为人工智能开发领域的主流编程语言，其中一个重要原因就是 Python 有很多支持人工智能开发的第三方库（图 24-4）。下面我们逐一进行介绍。

图 24-4　与人工智能相关的 Python 工具库

（1）NumPy。NumPy 提供了许多数据结构和方法，使用这些数据结构和方法可以更高效地进行数学计算，它提供的 ndarray 对象大大简化了矩阵运算。

（2）Pandas。Pandas 是基于 NumPy 实现的数据处理工具，它提供了大量用于数据统计和分析的

模型和方法，其中 Series 用于存储一维数据，DataFrame 用于存储二维数据，Panel 用于存储三维数据。

（3）SciPy。SciPy 是用于进行科学计算的扩展库。它提供了很多数学计算方法，例如微积分、线性代数、信号处理、傅里叶变换，等等。

（4）Matplotlib。Matplotlib 是 Python 最基础的绘图库，它几乎可以满足日常各类绘图需求。

（5）Scikit-learn。Scikit-learn 是基于 NumPy、SciPy 和 Matplotlib 的机器学习库，它包含了大量机器学习算法，可用于数据挖掘。

（6）TensorFlow。TensorFlow 是一个开源库，可以帮助开发和训练机器学习模型。TensorFlow 相对比较底层，很多框架是基于 TensorFlow 来开发的。

（7）Theano。Theano 是一个深度学习库，它与 TensorFlow 类似，是一个比较底层的库，可用于定义、优化和求值数学表达式，计算效率高，适合数值计算优化。

（8）Keras。Keras 是一个高度模块化的神经网络库，它提供了很多高级神经网络 API。

（9）Caffe。Caffe 是一个卷积神经网络框架，它是一个深度学习框架。内核虽然使用 C＋＋开发，但是具有 Python 接口。它具有模块化、高性能的优点，在计算机视觉领域表现突出。

（10）PyTorch。PyTorch 也是一个机器学习库。PyTorch 基于 Torch，是 Python 语言版的 Torch。PyTorch 主要用于自然语言处理。

（11）MXNet。MXNet 是亚马逊 AWS 的默认深度学习引擎，它是一个轻量化分布式可移植深度学习计算平台。

邀你来挑战 《《《《《《《《《《《

人工智能技术正在悄然改变着我们的生活，相信在不久的将来人工智能技术会在各行各业都发挥出重要作用。现在你对人工智能开发已经有了大致的了解，想一想你身边存在着哪些人工智能应用，这些应用是如何通过 Python 进行相关数据的挖掘与分析从而实现复杂功能的呢？

《《《《《《《《《《《

参考文献

［1］刘宇宙，刘艳 . Python 3. 7 从零开始学 ［M］. 北京：清华大学出版社，2018.

［2］明日科技 . 零基础学 Python ［M］. 长春：吉林大学出版社，2018.

［3］［美］埃里克·马瑟斯（Eric Matthes）. Python 编程：从入门到实践 ［M］. 2 版 . 袁国忠，译 . 北京：人民邮电出版社，2020.

［4］Python 3. 8. 11 documentation ［EB/OL］. https://docs. python. org/3. 8/index. html，2021-06-29.

［5］Python3 简介 ［EB/OL］. https://www. runoob. com/python3/python3-intro. html，2019-12-11.

［6］［美］马克·卢茨（Mark Lutz）. Python 编程 ［M］. 4 版 . 邹晓，瞿乔，任发科，译 . 北京：中国电力出版社，2014.

［7］［美］约翰·策勒（John Zelle）. Python 程序设计 ［M］. 3 版 . 王海鹏，译 . 北京：人民邮电出版社，2018.

［8］明日科技 . Python 从入门到精通 ［M］. 2 版 . 北京：清华大学出版社，2020.

［9］身份证的编码规则 ［EB/OL］. https://www. fanhaobai. com/2017/08/id-card. html，2017-08-20.

［10］Python 实现树结构 ［EB/OL］. https://blog. csdn. net/m0_37324740/article/details/79435814，2018-03-23.

［11］［美］布拉德利·米勒（Bradley N. Miller），戴维·拉努姆 . Python 数据结构与算法分析 ［M］. 吕能，刁寿钧，译 . 北京：人民邮电出版社，2019.

［12］［加］达斯帝·菲利普斯（Dusty Phillips）. Python 3 面向对象编程 ［M］. 2 版 . 孙雨生，译 . 北京：电子工业出版社，2018.

［13］Python：类的魔术方法、Hash、可视化、运算符重载、容器相关 ［EB/OL］. https://blog. csdn. net/Smart_look/article/details/116898412，2021-05-24.

［14］Python——上下文管理器（contextor）［EB/OL］. https://blog. csdn. net/zwqjoy/article/details/91432737，2019-06-11.

［15］Git 自带的 Git GUI 使用 ［EB/OL］. https://www. jianshu. com/p/4f2d5f58c86c，2017-06-22.

［16］Python，datetime 模块实例 ［EB/OL］. https://www. cnblogs. com/xiaoshitoutest/p/6430809. html，2017-02-22.

［17］谢希仁 . 计算机网络 ［M］. 4 版 . 北京：电子工业出版社，2006.

［18］唐松，陈智铨 . Python 网络爬虫从入门到实践 ［M］. 北京：机械工业出版社，2017.

［19］python 之 event 事件［EB/OL］. https：//www. cnblogs. com/zhangshengxiang/p/9606133. html，2018-09-07.

［20］Python 实现的生产者、消费者问题完整实例［EB/OL］. https：//www. jb51. net/article/141143. htm，2018-05-30.

［21］python 爬虫之下载文件的方式以及下载实例［EB/OL］. https：//www. cnblogs. com/-wenli/p/10160351. html，2018-12-22.

［22］［美］韦斯·麦金尼（Wes McKinney）. 利用 Python 进行数据分析［M］. 2 版. 徐敬一，译. 北京：机械工业出版社，2018.

［23］朱洁，罗华霖. 大数据架构详解：从数据获取到深度学习［M］. 北京：电子工业出版社，2016.

［24］刘鹏，曹骝，吴彩云，等. 人工智能 从小白到大神［M］. 北京：中国水利水电出版社，2021.

［25］黑马程序员. Python 实战编程从零学 Python［M］. 北京：中国铁道出版社，2018.

［26］黄晓平，方翠. 计算思维与 Python 编程基础［M］. 北京：清华大学出版社，2021.

［27］金一宁. Python 程序设计简明教程［M］. 北京：科学出版社，2020.

［28］李方园. Python 编程基础与应用［M］. 北京：机械工业出版社，2021.

［29］李辉，刘洋. Python 程序设计编程基础、Web 开发及数据分析［M］. 北京：机械工业出版社，2020.

［30］李辉. Python 程序设计基础案例教程［M］. 北京：清华大学出版社，2020.

［31］刘宇宙，刘艳. 好好学 Python 从零基础到项目实战［M］. 北京：清华大学出版社，2021.

［32］明日科技. Python 速查手册模块卷［M］. 北京：北京希望电子出版社，2020.

［33］明日科技. 零基础 Python 学习笔记［M］. 北京：电子工业出版社，2021.

［34］云尚科技. Python 入门很轻松［M］. 北京：清华大学出版社，2020.

［35］中公教育优就业研究院. Python 高效开发指南［M］. 西安：陕西科学技术出版社，2020.

［36］龙虎，彭志勇. 大数据智能分析与数据挖掘研究［J］. 电脑编程技巧与维护，2021（06）：108-110＋131.

［37］丁晴. 基于 Python 的人脸识别技术应用研究［J］. 数字技术与应用. 2021，39（05）：75-78.

［38］高蕾，符永铨，李东升，等. 我国人工智能核心软硬件发展战略研究［J］. 中国工程科学，2021，23（03）：90-97.